Die deutsche Seefischerei

in ihrer volkswirtschaftlichen Bedeutung unter besonderer Berücksichtigung der Fischabfallverwertung

Von

ROBERT TERN

Generaldirektor

der

LINDRING

Actiengesellschaft für industrielle Unternehmungen

Verlagsbuchhandlung Julius Springer, Berlin

1924

Herrn Geheimrat Pschorr
gewidmet.

ISBN-13: 978-3-642-90464-6 e-ISBN-13: 978-3-642-92321-0
DOI: 10.1007/978-3-642-92321-0

Inhalt

Vorwort.

Die vorliegende Schrift will kurz aber zusammenfassend sein. Trotz aller Zahlenprosa soll sie doch auf die Bedeutung der deutschen Seefischerei hinweisen. Jahrhunderte hindurch waren harte und kundige Fischerfäuste hier höchste Autorität. Im heutigen Kampf um den sonnigen Platz auf dem Planeten können wir Deutsche der stillen stetigen unermüdlichen wissenschaftlichen Forschung nirgend entbehren. — Einst schien Wissenschaft und Technik, Erkenntnis und Kunst und Wunsch des Geldverdienens unvereinbar. Heute ist der neue wirtschaftliche Wert die Erfüllung der Wissenschaft.

Das moderne Wirtschaftsleben schafft dem deutschen Volke Werte, für die in stiller Nachtstunde im Gelehrtengehirn der Grundstein gelegt wurde. Jahrzehnte haben mich in die deutsche Seefischerei mitten hineingestellt. Mit meinem Wissen und mit allen meinen industriellen Bestrebungen will ich sie fördern, gestützt auf Gründlichkeit und Eifer der deutschen Forschung.

Mit der eigenen Art und dem eigenen Sinn, der den Männern der Wasserkante angeboren ist, drängen wir zur Erstarkung des deutschen Volkes.

Heute mehr denn je gilt für uns, die wir aus Wissenschaft und Technik unserem Volke neue starke Werte schaffen müssen, das Wort:

„Arbeit ist des Blutes Balsam,
Arbeit ist der Tugend Quell!“

Der Verfasser.

Berlin, im Februar 1924.

I.

1. Einleitung.

Schon vor dem Weltkriege, der dem deutschen Volke und seiner Wirtschaft so unheilvoll wurde, ist die Bedeutung der deutschen Seefischerei für unsere Volkswirtschaft gebührend gewürdigt worden. Aber trotzdem diese Würdigung keine rein theoretische blieb, sondern sich praktisch in der staatlichen und kommunalen Förderung, in der Unterstützung von großen Verbänden, insbesondere der deutschen Fischereivereine und in einer ständig steigenden Betätigung des Großkapitals und des Unternehmertums bekundete, ist die deutsche Seefischerei eigentlich immer ein Schmerzenskind der deutschen Volkswirtschaft gewesen. Hier wirkten in erster Linie die gegebenen, natürlichen und sehr ungünstigen Verhältnisse mit. Dem großen Hinterlande stehen verhältnismäßig große Küsten gegenüber, die obendrein noch weit von den ertragreichsten Fangplätzen der Hochsee abgelegen sind. Dann ist die Größe der Entfernungen zum Hinter- und Absatzgebiet schwerwiegend, und schließlich noch eine im deutschen Volke, namentlich in Süddeutschland vorhandene Abneigung gegen den Seefisch, die auch heute noch nicht überwunden ist. Dazu kamen noch technische, organisatorische und handelsmäßige Hemmungen, die der etwas künstlich hochgezüchteten Seefischerei und ihren Parallelzweigen, dem Fischhandel und der Fischindustrie Schwierigkeiten bereiteten, welche immerhin nicht nur als Kinderkrankheiten gewertet werden durften.

Heute aber ist mehr wie je die Ueberzeugung bei uns Allgemeingut geworden, daß die deutsche Seefischerei mit der von ihr versorgten Fischindustrie und dem mit ihr Hand in Hand arbeitenden Fischkonservenhandel und der heute außerordentlich wichtigen Fischabfallindustrie in vorderster Reihe mitberufen ist, die gegenwärtige traurige Wirtschaftslage des deutschen Volkes zu bessern und insbesondere an der Zurverfügungstellung von Nahrungsmitteln und Arbeitsmöglichkeiten für das deutsche Volk nach besten Kräften mitzuarbeiten.

Es ist ja allgemein bekannt, daß wir uns vor dem Weltkriege zu einem Industriestaat entwickelt hatten. Wir waren als Volk nicht mehr imstande, die Ernährung unserer ganzen Kopfzahl sicherzustellen, so daß eine recht bedeutende Einfuhr an Nahrungsmitteln unbedingtes Erfordernis wurde. Das konnten wir uns vor dem Kriege bei einem sehr beträchtlichen und jedes Jahr um annähernd zehn Milliarden steigenden Nationalvermögen wohl leisten, trotzdem der Zustand volkswirtschaftlich und vom Gesichtspunkt der Landesverteidigung aus gesehen, schon damals an sich recht bedenklich erschien. Die Quittung darauf hat uns der verlorene Krieg gegeben und die durch ihn hervorgerufenen Folgen: Minderung der physischen und psychischen Fähigkeiten und Kräfte durch Unterernährung und Unmöglichkeit der Beschaffung von Ersatz für die früher eingeführten Lebensmittel infolge vollständiger Verarmung, bei Unmöglichkeit oder Unfähigkeit neue Quellen zur Erzeugung des Fehlenden zu erschließen und in Gang zu bringen. Dabei Verlust sehr wichtiger Produktionsgebiete, Erhöhung der Kopfzahl in den uns gebliebenen Landesteilen durch Rückfluten von Auslandsdeutschen und Landsleuten aus den uns entrissenen Provinzen, — kurzum eine Wirtschaftslage, die als äußerst ernst, wenn nicht als verzweifelt, bezeichnet werden muß.

Daraus ergibt sich als kategorischer Imperativ für uns die Ausnutzung oder Erschließung von allen Möglichkeiten, die uns eine Vermehrung oder Verbesserung der vorhandenen Mengen an Lebensmitteln, ebenso wie der für die Industrie und unser Wirtschaftsleben und für unsere Ausfuhr unentbehrlichen oder wichtigen Stoffe sichern können. Die deutsche Seefischerei und die mit ihr Hand in Hand arbeitenden Wirtschaftszweige bieten solche Möglichkeiten in reicher Menge und Mannigfaltigkeit. Allen Völkern steht das Meer, diese so unendlich fließende Quelle an Leben und Substanz offen. Das Recht des Zugriffes in diese unermeßlichen Naturschätze steht seit undenklichen Zeiten jedem Volke zu; es ist eines der wenigen Rechte, das uns selbst das Versailler Diktat nicht nehmen konnte. (Vgl. Friedensvertrag von Versailles, Artikel 271-273.) Daß mit dem Schwinden anderer Möglichkeiten der Versorgung des deutschen Volkes mit den nötigsten Nahrungsmitteln diese Quelle für uns ständig an Wert gewinnt und eine immer bessere und intensivere Ausnutzung gebieterisch verlangt, ist ein Gebot der Selbsterhaltung. In die gleiche Notwendigkeit versetzt uns der Mangel an Oelen und Fetten, die nicht nur für die Ernährung, sondern für die industriellen Zwecke unentbehrlich sind, und die wir insbesondere für die Seifen- und Textilindustrie aus der Fischabfallverwertung in reichem Maße gewinnen können, aber durch Verbesserung der Verfahren noch zu steigern versuchen müssen. Leider ist ja die Tatsache ganz offensichtlich, daß die wirtschaftlichen Verhältnisse auch für die Seefischerei der Vorkriegszeit gegenüber außerordentlich erschwert und kompliziert geworden sind, so daß es sich fragt, ob der vom volkswirtschaftlichen Standpunkte aus erwünschte Erfolg sich ohne großzügige staatliche Mitwirkung erzielen läßt. Es wäre wirklich zu wünschen, daß in dieser Frage, die doch schließlich eine Lebensfrage für das deutsche Volk ist, welches das Fleisch und viele andere Nahrungsmittel nicht mehr erschwingen kann, jede kleinliche Ressortpolitik aufgegeben und durch eine großzügige Zweckpolitik ersetzt würde, für die eigentlich ein Volksstaat mit dem bei uns doch reichlich vorhandenen sozialen Einschlag Raum und Möglichkeiten bieten sollte. Leider scheinen diese Hoffnungen, soweit sie sich auf die ja für die Seefischerei lebenswichtige Gütertarifpolitik erstrecken, vorläufig fromme Hoffnung zu bleiben; eine Tatsache, die für das Verständnis, mit dem man heutzutage an die Lösung großer Fragen herangeht, kennzeichnend ist. Jedenfalls aber haben schon die letzten Zeiten mit der völligen Entwertung der deutschen Mark gezeigt, daß der Hering in seinen mannigfachen Formen und die übrigen Seefische, namentlich in geräucherter oder marinierter Form immer mehr zum Volksnahrungsmittel werden, schon wegen ihrer im Vergleich mit anderen Lebensmitteln, insbesondere dem Fleisch, auch heute noch für weite Volksschichten erschwinglichen Preise.

---

2. Geschichtliches.

Auch wenn wir uns auf den Standpunkt stellen, daß gegenwärtig bereits der Weltkrieg zur Geschichte gehört, so ist doch dessen Einwirkung gerade auf die deutsche Seefischerei derartig tiefgehend gewesen, daß wir die durch ihn geschaffenen und durch seine Auswirkungen dauernd entscheidend beeinflußten, ja eigentlich erst verursachten Zustände nicht im Sinne dieser Erörterungen zur Geschichte rechnen können. Wie allgemein in unserem Wirtschaftsleben reicht die Geschichte nur bis an die Schwelle des großen Krieges heran, was dann anfängt ist ein Chaos, das leider allem Anschein nach lange nicht einmal der Vergangenheit, geschweige der Geschichte angehören dürfte.

Wenn wir nun die Geschichte der deutschen Seefischerei kurz darstellen wollen, so können wir sagen, daß sie sich eigentlich nur über wenige Dezennien erstreckt. Für die deutsche Volkswirtschaft hat die deutsche Seefischerei eigentlich erst gegen Ende des 19. Jahrhunderts, also in der Zeit des großen deutschen wirtschaftlichen Aufschwunges nach der Schaffung des Deutschen Reiches Bedeutung erlangt. Vorher war ihr Wirtschaftsbereich örtlich ziemlich eng begrenzt, wenn überhaupt von Seefischerei in unserem Sinne gesprochen werden konnte, und im großen ganzen auf die Küstengebiete beschränkt, da für den Absatz von Seefischen mit Ausnahme der durch Salzen oder Trocknen haltbar und damit versandfähigen Seefische, insbesondere also Hering und Stockfisch, nur die Küstenbevölkerung und die Bewohner der in der Nähe des Meeres gelegenen Plätze in Frage kamen.

Der Grund für diese Rückständigkeit der deutschen Seefischerei bis in die letzten Jahrzehnte des 19. Jahrhunderts hinein, war in den verschiedenen Umständen, von denen oben schon einige kurz angedeutet worden sind, zu suchen. So insbesondere in der Ungunst der geographischen Lage der deutschen Küsten in Beziehung zu den Hauptfangplätzen und zum Hauptabsatzgebiet, in der räumlichen Kürze der Küsten im Vergleich mit dem großen Hinterland und schließlich in dem mangelnden Interesse des größten Teiles der Bevölkerung gegenüber dem Seefisch als Nahrungsmittel. Aber dazu kam noch erschwerend der Mangel einer staatlichen Fürsorge, ein verhältnismäßig geringes Interesse des Großkapitals und des Handels, schlechte Verbindungen mit dem Hinterlande, und nach Verbesserung der Verbindungen wieder relativ hohe und den Absatz erschwerende Eisenbahnfrachten, mangelhafte Beförderungseinrichtungen u. a. m. Alle diese Umstände hatten dazu beigetragen, der deutschen Fischerei den von altersher überkommenden Charakter der kleinwirtschaftlichen und familiengewerblichen Unternehmungen zu bewahren, die natürlich in Bootsmaterial, Fanggeräten, Fangmethoden und Geschäftsbetrieben veraltet und auch nicht entwicklungsfähig waren. Erst die Loslösung der deutschen Seefischerei von diesem Zustande und ihre Ausgestaltung zu einem im großen und nach modernen Gesichtspunkten organisierten Erwerbs- und Wirtschaftszweig konnte der deutschen Seefischerei eine richtige Bedeutung in volkswirtschaftlicher Beziehung sichern. Hiermit wurden dem deutschen Volke die Schätze der See wirklich erschlossen. Es konnte teilnehmen an dem, was ihm von Rechts wegen zukam, und was die anderen seefahrenden Völker schon von jeher in immer größerem Maßstabe sich gesichert und zugunsten ihres Nationalwohlstandes ausgenutzt hatten.

Daß vom Volke selbst dieser berechtigte Anspruch so gut wie gar nicht vertreten wurde, lag an dem damals noch sehr mangelhaften Verständnis der Allgemeinheit für den Seefisch, ja auch für die Fische der Binnengewässer, und an der Tatsache, daß man sich im neuen Deutschen Reiche über den Begriff Seefischerei und dessen Tragweite noch keineswegs zutreffende Vorstellungen machte, geschweige denn über deren Bedeutung und Wert sich auch nur einigermaßen klar war. Heute noch sind für den richtigen Süddeutschen die Fragen der See-Angelegenheiten, auf die, in verklungener Auffassung, das Goethesche Wort von der Türkei, dahinten, wo die Völker aufeinanderschlagen, zutrifft. Er steht mit einem skeptischen Beharrungsvermögen den Erträgnissen des Meeres gegenüber, auch da, wo er seine eigenen Süßwasserfische und nicht nur Forelle, Felchen und Karpfen wirklich schätzt. Der Fischverbrauch ist ja heute bei uns noch erstaunlich gering. Im Jahre 1880 aber, also vor etwas mehr als einem Menschenalter, belief sich der Fischkonsum je Kopf und Jahr in Preußen auf 0,5 kg, die Süßwasserfische mit eingeschlossen, gegenüber England mit 3,8 kg, Frankreich mit 3,1 kg, Schweden und Norwegen 1,7 kg und Dänemark 1,9 kg [1]). Mit der kräftigen Entwicklung der deutschen Seefischerei um die Jahrhundertwende und mit dem Großwerden der Fischkonservenindustrie stieg dann die deutsche Konsumziffer erheblich, trotz der zunehmenden Bevölkerungszahl und der steigenden Teuerung, und dürfte um das Jahr 1910 wohl schätzungsweise mit 7 kg auf den Kopf innerhalb Deutschlands anzusetzen sein.

Die deutsche Seefischerei konnte niemals den vorstehend zum Vergleich herangezogenen Nationen gleichkommen, weder hinsichtlich der Leistungsfähigkeit und wirtschaftlichen Bedeutung, noch der Güte und Menge des vorhandenen Materials und der Boote. In ihren glücklichsten Jahren hat die deutsche Seefischerei trotz aller Gründe, die volkswirtschaftlich dazu eigentlich geradezu nötigten, für die deutsche Ernährung und den deutschen Rohstoff- und Arbeitsmarkt eine Rolle gespielt, die auch nicht annähernd einen Vergleich mit der ausländischen Seefischerei aushalten konnte.

Wenn wir uns, um ein richtiges Bild der Entwicklung zu bekommen, in das Jahr 1871 zurückversetzen, so zeigte damals, nach einem auf 1866 folgenden kurzen Aufschwung, die Nord-

---

[1]) Vgl. Mitteilungen des deutschen Seefischereivereins, Jahrgang 1903.

seefischerei eine stark rückläufige Tendenz: fast alle nach 1866 gegründeten Gesellschaften mußten wegen dauernder Mißerfolge ihren Betrieb einstellen. Außer den 139 Blankeneser und Finkenwärder Fischerfahrzeugen (Ewer), die wohl mit dem Grundnetz fischten, sich aber nicht für die hohe See eigneten, waren nur einige wirkliche seetüchtige Boote vorhanden, so daß damals von einer deutschen Hochseefischerei in der Nordsee nicht die Rede sein konnte. Was betrieben wurde, war Küstenfischerei. Aehnlich lagen die Verhältnisse an der Ostsee. Auch hier fehlten völlig die für die hohe See geeigneten Fahrzeuge; auch hier hatten die Gesellschaften nach und nach ihren Betrieb einstellen müssen, und nach einem kurzen Aufschwung wurde nur noch die alte Küstenfischerei mit den alten Fischerbooten betrieben.

Gewisse Kreise hatten jedoch damals schon die Bedeutung der deutschen Fischerei und insbesondere der Seefischerei erkannt und waren, was weit wichtiger war, auch bereit, sich für deren Entwicklung einzusetzen. So wurde von Beteiligten und Interessenten aller Art im Jahre 1870 der Deutsche Fischerei-Verein gegründet, der energisch die weitschauenden Ziele, die er sich gesteckt hatte, vertrat, und der auch für sich das Verdienst in Anspruch nehmen kann, die Bewegung in Gang gebracht und auch im Gange erhalten zu haben, die dann die Grundlagen für die Entwicklung der deutschen Seefischerei mit einigermaßen neuzeitlichen Prinzipien formte. Schon 1871 überreichte der Deutsche Fischerei-Verein dem Reichskanzler Fürsten von Bismarck eine Denkschrift, in der die Notwendigkeit der Hebung der deutschen Seefischerei dargelegt, näher begründet und gleichzeitig der Antrag auf Zurverfügungstellung eines angemessenen Betrages, — es waren 50 000 Taler — gestellt wurde. Das Jahr 1872 brachte dann schon die der Anregung des D. F.-V. zu verdankende Gründung einer Heringsfischerei Aktien-Gesellschaft in Emden mit einem Kapital von 150 000 Taler, für die damalige Zeit ein recht beträchtlicher Betrag, der übrigens noch im gleichen Jahre auf 200 000 Taler erhöht wurde. Zweck und Gegenstand der Gesellschaft war die Ausübung der Heringsfischerei nach neuen wirtschaftlichen Grundsätzen unter Verwendung neuerer und schnellerer Fahrzeuge und moderner, leichter Fanggeräte. Diese Gesellschaft, die natürlich bei dem D. F.-V. in jeder Hinsicht Unterstützung fand, sollte für die deutsche Seefischerei vorbildlich werden und hat sich auch später befriedigend entwickelt. Die kommenden Jahre brachten dann auch staatlicherseits ein erhöhtes Interesse für die Seefischerei, eine Verminderung der Eisenbahnfrachtsätze für Seefische, eine Vermehrung und Beschleunigung der Transporte und Verbesserungen der Transportmittel, so daß an die Schaffung von regelmäßigen Absatzgebieten im Binnenlande gedacht werden konnte.

In technischer Hinsicht war für die Entwicklung der Hochseefischerei die Einführung von Fischdampfern von größter Bedeutung, schon weil damit eine gewisse Regelmäßigkeit der Zufuhren, die für einen geordneten Handel Voraussetzung ist, gesichert wurde. In England waren Dampfer schon in den siebziger Jahren in die Fischereiflotte eingestellt worden. Unser erster deutscher Fischdampfer wurde im Jahre 1884 gebaut und war in Geestemünde, also in dem für die Hochseefischerei am günstigsten gelegenen Hafen beheimatet [2]). In den ersten vier Jahren seines Fischereidienstes erbrachte er den Nachweis seiner Rentabilität, so daß das damals Aufsehen erregende Beispiel Nachahmer fand und weitere Dampfer für die Hochseefischerei eingestellt wurden. Trotz des erbitterten Widerstandes der Küstenfischer, die in diesem Kampf gegen Dampffischerei und Kapital für ihre Existenz fochten, in einem Kampf des Veralteten und Schwachen gegen das Fortschrittliche und Starke, vermehrte sich in den folgenden Jahren die deutsche Dampffischereiflotte ständig. 1900 wies sie schon 130 und 1907 insgesamt 208 Fischdampfer mit einem Rauminhalt von 103 045 cbm und 442 Segler mit 65 845 cbm Rauminhalt auf [3]). Gegenüber dem Jahre 1886, in welchem 1 Dampfer und 376 Segler mit einem Totalrauminhalt von etwa

---

[2]) Vgl. F. Duge, Die Dampfhochseefischerei in Geestemünde, 1898. S 6 ff.

[3]) Vgl. Statistik des Deutschen Reiches, vgl. auch Dr. Carl Winter, die deutsche Fischkonserven-Industrie, S. 16 ff.

30 000 cbm vorhanden waren, hatte sich also die Zusammensetzung der deutschen Fischereiflotte in 21 Jahren verschoben und rein der Zahl der Fahrzeuge nach gerechnet, fast verdoppelt, dem Rauminhalt nach aber verfünffacht, eine Tatsache, aus der sich schon der Ersatz der kleineren und veralteten Segler durch moderne und größere Schiffe erkennen läßt. 1910 zählte die deutsche Fischereiflotte an registrierten Seglern 587, an Seglern mit Motor und Hilfsschraube 54 und an Fischdampfern 296 [4]).

Die Zahl der Seefischereifahrzeuge veränderte sich in den noch folgenden drei Friedensjahren weiter recht erheblich, wie die nachstehenden Zahlen zeigen: Segler für Kleinbetrieb 153, Heringslogger 162, Fischereihandelsfahrzeuge (Quatzen) 53, Gesamtzahl der Segler 368, Dampfer 257 und Logger mit Hilfsdampfmaschinen 71; Fahrzeuge mit Motor und Hilfsschraube 150 [5]). Die Zahl der reinen Segler nahm also noch ständig ab, dagegen vergrößerte sich die Zahl der Segler mit Motor und Hilfsschraube. Dabei blieben die Dampfer an Zahl ungefähr konstant, — jedoch war ein Anwachsen der Fahrzeuge mit Hilfsdampfmaschinen zu vermerken.

Ueber die Veränderungen, die die deutsche Seefischereiflotte während des Krieges erfahren hat und über ihren heutigen Bestand wird noch später zu sprechen sein. Es kann jedoch hier schon erwähnt werden, daß sonderbarerweise auch heute noch der Fischdampfer kaum an Bedeutung eingebüßt hat: er ist immer noch das Rückgrat unserer modernen Seefischerei.

Von der Entwicklung der deutschen Fischkonservenindustrie gibt Dr. Carl Winter in seiner Darstellung der Entstehung und des Aufschwunges dieser Industrie in dem im Freistaate Lübeck gelegenen Orte Schlutup eine anschauliche Schilderung. Der Ort war erst ein Fischerdorf, dessen Einwohner neben der Fischerei als Hausindustrie die Herstellung von Netzen und Fischereigeräten betrieben, dann, als diese Quelle nach und nach versiegte, sich auf die Verwertung der

---

[4]) Vgl. Deutscher Seefischerei-Almanach für 1911.
[5]) Vgl. Deutscher Seefischerei-Almanach für 1914.

gefangenen Fische durch Räuchern legten, wodurch sie wieder neue Absatzgebiete zu erschließen in der Lage waren. Die um die Mitte des 19. Jahrhunderts so entstandenen Räuchereien verarbeiteten, allerdings noch auf primitive Weise und in kleinen Mengen Heringe, Breitlinge und Aale. Die Fische wurden über einem gewöhnlichen Räucherherd der Wirkung des Rauches ausgesetzt. Die immer lebhafter werdende Nachfrage, an der sich auch Lübeck recht erheblich beteiligte, bildete dann die Veranlassung zur Erweiterung der Betriebe, die dann wieder ihren für die einheimische Produktion zu großen Bedarf an Fischen von außerhalb decken mußten. Auch vom Auslande, insbesondere von Dänemark und Schweden, wurden Fische besonders in den Zeiten, in denen die einheimische Küstenfischerei ruhte, also im Winter, zum Verarbeiten bezogen. Nach und nach kam mit der Ausbreitung des Abnehmerkreises auch die Nachfrage nach anderen Konserven. Um ihr zu genügen, wurden den Räuchereien neue Betriebe, Bratereien und Marinieranstalten angeschlossen. Das führte auch zur Ausdehnung des Verwendungsbereiches in bezug auf das verarbeitete Material, indem nun auch andere Fischarten einbezogen werden konnten. Hier bot sich der deutschen Seefischerei die Möglichkeit, durch Lieferung, und zwar regelmäßige Lieferung des Rohmaterials, in Aktion zu treten und mit der Zeit die für beide Teile förderlichen Beziehungen immer fester zu gestalten. Die Grundlagen für den Aufbau und die Entwicklung der Fischindustrie, — soweit nicht der Absatz in Frage kam — waren gefunden.

Im Zusammenhang mit der neuen Industrie trat ein Unternehmen ergänzend in Erscheinung, das die Fischabfälle der ganzen Schlutuper Unternehmen auf Fischmehl und Guano verarbeitete, und das somit den Anfang der deutschen und heute blühenden Fischabfallindustrie darstellt. Ferner gesellte sich auch bald eine Kistenfabrik zur Anfertigung der für den Konserventransport erforderlichen Kisten hinzu.

Wie gesagt: Schlutup ist ein typisches Beispiel für die aus kleingewerblichen Anfängen heraus entstandene Fischindustrie an der Ostsee, für die u. a. Kiel, Lübeck, Eckernförde,

Stettin u. a. m. besonders wichtige Plätze gewesen und geblieben sind.

Anders lagen die Verhältnisse an der Nordsee, wo im organischen Zusammenhang mit dem Emporwachsen der Seefischerei und der Steigerung ihrer Erträgnisse sich Unternehmen kapitalistischer Art zur Ausnutzung der gegebenen günstigen Verhältnisse bildeten. Natürlich geschah dies an den Brennpunkten des Handels und der Stapelplätze der Seefischerei, also insbesondere Altona, Hamburg, Geestemünde, Bremerhaven und Cuxhaven, die infolge der an der Nordsee günstigeren Vorbedingungen, insbesondere hinsichtlich des Rohmaterials, bald die Führung in der deutschen Fischkonservenindustrie an sich reißen und die Ostseekonkurrenz überflügeln konnten. Sie stehen heute noch an erster Stelle.

II.

1. Der Seefisch als Nahrungsmittel.

Trotz aller Bestrebungen, dem Seefisch einen dauernden und steigenden Konsumentenkreis in Deutschland zu sichern und ihm weitere Freunde zu gewinnen, konnte man ihn auch vor dem Kriege nicht als Volksnahrungsmittel im eigentlichen Sinne bezeichnen. Dazu war die Zurückhaltung in vielen Bevölkerungsschichten zu groß, und andererseits gab der steigende Wohlstand auch den meisten Angehörigen der Arbeiterkreise die Möglichkeit des Fleischgenusses, wenn auch in bescheidenen Grenzen. Nur e i n Seefisch ist es, der sich seit jeher im Volke großer Beliebtheit erfreute: der Hering. Der Hering ist in der Tat seit Jahrhunderten in Deutschland in Mengen konsumiert worden, die den Verbrauch in anderen Ländern weit hinter sich ließen. In allen möglichen Formen, als Salz-, Räucher-, Delikateß- und grüner Hering, ist er auch heute bei uns auf dem Lebensmittelmarkt vorhanden, nachdem ihm die Kriegs- und Nachkriegszeit das Odium genommen hatte, das Essen des sog. kleinen Mannes zu sein. Nicht zu leugnen ist aber die Tatsache, daß dieser einzige, bei uns wirklich eingebürgerte und in Massen gekaufte Seefisch in der Hauptsache zu Friedenszeiten aus dem Auslande stammte, und daß er auch in jüngster Zeit bei uns importiert worden ist. Die deutsche Heringsfischerei war vor dem Kriege bei weitem nicht imstande, den deutschen Marktbedarf zu decken, und so gingen namhafte Beträge unseres Volksvermögens an die exportierenden Länder, insbesondere Holland, Dänemark, Norwegen und England[6]).

Im Frieden stand der Einbürgerung der Seefische in den weitesten Kreisen des Volkes immer die Beliebtheit des Fleisches entgegen. Auch in den sogenannten Zeiten der Fleischknappheit und der Fleischteuerung, — Erinnerungen an Begriffe, die uns heute sonderbar anmuten, — war das Angebot an Fleisch, Fleischwaren und anderen Nahrungsmitteln immer noch so groß, daß ein besonderer Anreiz für die Allgemeinheit geboten werden mußte. Als solcher kam natürlich in erster Linie ein niedriger Preis dem Fleisch gegenüber in Betracht; dann aber auch eine regelmäßige und genügende Zufuhr und Versorgung auch der im Süden des Reiches gelegenen Märkte. Die Aufgabe, die dem Fischhandel in der Einführung des Seefisches gestellt wurde, war nicht leicht zu lösen, ganz besonders, weil ja an sich die Ware, als sehr leicht verderblich, eine ganz andere Behandlung und Aufmerksamkeit verlangte.

Weiter aber war eine Voraussetzung für die Aufgabe des von der Bevölkerung zum Teil hartnäckig geübten passiven Widerstandes die sachgemäße Aufklärung der Oeffentlichkeit über die Vorzüge und den Wert der Seefischnahrung. In dieser Hinsicht haben sich insbesondere die großen Zweckvereine, also der Deutsche Fischerverein und der Deutsche Seefischereiverein, sowie die staatlich, wie kommunal dazu berufenen Stellen verdient gemacht. Heute können in der Tat die meisten Hemmungen gegen den Seefisch als in der Hauptsache beseitigt gelten, wenigstens bis auf jene Nachteile, die der Seefisch dem Fleisch gegenüber nie verlieren wird, und die wohl auf seinen Geruch zurückzuführen sein dürften. Aber diese Erwägungen spielen angesichts der ja heute auch dem südlichsten Landbewohner Deutschlands doch bekannten Wohlgeschmack des Seefisches keine bestimmende Rolle mehr. Den letzten Ausschlag gibt heute selbst bei den Nahrungsmitteln der billige Preis. Und in dieser Hinsicht ist der Seefisch auch in der Jetztzeit so gut wie nicht zu übertreffen.

---

[6]) Vgl. Stahmer, Fischhandel und Fischindustrie, Verlag Ferdinand Enke, Stuttgart 1913.

Läßt man aber zunächst einmal die Preisfrage ganz außer Betracht und vergleicht die Ernährungswerte [7]) der beiden Hauptnahrungsmittel, also von Fleisch und Fisch, so ergibt sich, daß der frische Fisch an Nährstoffen, also Eiweiß und Fett, einen im Durchschnitt erheblich geringeren Gehalt aufweist, wie das Fleisch. Natürlich variieren diese Zahlen wieder im einzelnen je nach Art des Fisches, entsprechend den Unterschieden zwischen den einzelnen Fischsorten. Die sogenannten Fettfische, das sind insbesondere der Hering, die Makrele, der Rotbarsch, der Kabeljau, der Lengfisch, die Roche, der Blaufisch u. a. m., sind natürlich im Fettgehalt manchen Fleischsorten gleichwertig oder sogar überlegen; die Magerfische aber reichen auch an die mageren Fleischsorten nicht heran. Im allgemeinen also ist die früher viel als landläufige Wahrheit verkündete Behauptung richtig, daß die Fische einen geringeren Nährwert als Fleisch haben. Etwas anders liegen die Verhältnisse schon bei den Fischkonserven und den Salzheringen, die dem Fleisch im Durchschnitt an Eiweiß- und Fettgehalt gleichwertig, ja ihm sogar überlegen sind und somit der Fleischnahrung als ebenbürtig zur Seite gestellt werden können. Salzheringe enthalten [8]): 18,9 % Eiweiß, 16,9 % Fett, 1,6 % Extraktivstoffe und 14 % Kochsalz gegen 22,3 % Eiweiß, 8,7 % Fett und 6,4 % Salze des Pökelschweinefleisches. Es hat also ein Hering mit einem Mittelgewicht von rund 130 g nach Abzug der Abfälle etwa 80 g Fleisch, so daß mit jedem Hering normaler Größe etwa 15 g Eiweiß und 13 g Fett zur Aufnahme kommen.

Der geringere Nährwert der frischen Seefische im Vergleich zu Fleisch, dem im allgemeinen eine entsprechend geringere Fähigkeit der Sättigung gleichzusetzen sein dürfte, findet auch in den Preisen für frische Seefische ihren Ausdruck: sie waren im Verhältnis und unter Berücksichtigung des geringeren Nährwertes doch noch erheblich billiger als das Fleisch. Nach

---

[7]) Siehe hierzu die vergleichenden Gegenüberstellungen bei Goldschmidt, a. a. O., S. 158.

[8]) Nach „Munk und weil. Uffelmann, Ernährung des gesunden und kranken Menschen".

den Berechnungen von Goldschmidt [9]), die für das Jahr 1909 angestellt wurden, war einem Kilogramm Rindfleisch an Nährwert ein 1750 g großer Schellfisch plus 51 g Speck gleichzusetzen, so daß nach den damaligen Preisen für Fleisch und Speck ein Preis von 87 Pfennigen für das Pfund großer Schellfisch als seinem wirklichen Nährwert entsprechend angesetzt werden durfte. Statt dessen bewegte sich der Preis zwischen 40 und 80 Pfennigen, so daß die Fischnahrung damals immer noch absolut billiger als Fleisch gelten konnte. Dieses Verhältnis hat sich, soweit man bei den schwankenden Preisen urteilen kann, auch heute nicht verschoben.

---

[9]) Vgl. Goldschmidt, a. a. O., S. 160/61.

2. Die deutsche Seefischerei vor dem Kriege.

a) Allgemeines.

Um uns über die volkswirtschaftliche Bedeutung der deutschen Seefischerei klar zu werden, müssen wir uns vergegenwärtigen, welche Teile des deutschen Volkes aus der Seefischerei und der von ihr bezüglich Lieferung von Rohstoffen abhängigen Fisch- und Fischabfallindustrie sowie dem Fischhandel erhalten werden bzw. Nutzen ziehen. Es ist ein recht großer Kreis, der hier in Betracht kommt. Neben den zahlreichen in der Seefischerei und Fischindustrie unmittelbar Beschäftigten, also den Schiffsbesatzungen, den Hafen- und Hilfsarbeitern sowie den Angestellten der Reedereien, der Fischereiunternehmen, der Konservenfabriken, der Räuchereien und der großen Anzahl, die ihren Lebensunterhalt aus dem Handel mit Seefischen ziehen, kommen hier ja auch die Angehörigen der Fischabfallindustrie und der mit der Seefischerei nur mittelbar in Verbindung stehenden Gewerbe, die z. B. Materialien für die Fischerei liefern, in Betracht. Aber es ist volkswirtschaftlich nicht allein die von der Seefischerei einer großen Zahl von Volksgenossen gewährleistete Existenz, also die Schaffung von Werten und die Vermehrung des Gesamtwohlstandes, die interessiert, sondern in mindestens gleichem Maße auch die Lieferung von Nahrungsmitteln, also die ernährungstechnische Seite, die besonders angesichts der verzweifelten Notlage des deutschen Volkes in der Gegenwart die ernsteste Beachtung verdient.

Mit dem Aufschwung der Seefischerei und ihrer Entwicklung über den lokalen Rahmen der früher betriebenen

Küstenfischerei hinaus, wuchs auch die volkswirtschaftliche Bedeutung und ihr Wert und Einfluß auf das Wirtschaftsleben des ganzen deutschen Volkes. Heute, also in einer Zeit, in der das deutsche Volk derartig verarmt ist, daß der Bezug von Nahrungsmitteln aus dem Ausland so gut wie unmöglich ist, läßt sich die Seefischerei als Wirtschaftsfaktor gar nicht mehr hinwegdenken. Schon der Versuch, sich in diese Vorstellung hineinzuversetzen, führt zu Folgerungen, die für uns einfach nicht faßbar wären. Veränderungen des Lebensmittelmarktes durch das Fehlen der Seefische und der aus diesen hergestellten Waren und Konserven, Erhöhung der Preise für andere zum Ersatz dienende Nährmittel, Ausfall der durch die Fischabfallindustrie aus verhältnismäßig geringwertigen Materialien gewonnenen Fette, welche für industrielle Zwecke unentbehrlich sind, und auch wieder aus dem Ausland eingeführt werden müßten, wären die Folgen eines Zusammenbruches oder Niederganges der deutschen Seefischerei. Dabei ist noch gar nicht der Tatsache gedacht, welche Gewerbezweige unter dem Ausbleiben der Aufträge der Seefischerei leiden und wieviele Hände arbeitslos, d. h. wieviele Menschen brotlos würden.

Schon dieser kurze Hinweis läßt erkennen, daß es in volkswirtschaftlicher Hinsicht nicht nur eine Pflicht, sondern ein einfaches Gebot der Selbsterhaltung ist, der Seefischerei mit allen Kräften Förderung angedeihen zu lassen und alle Bestrebungen, die auf eine Verbesserung der Mittel, Wege und Möglichkeiten hinarbeiten, nachdrücklich zu unterstützen. Hierbei ist in erster Linie an die Organisationen und Verbände zur Sicherung der Interessen der Seefischerei und deren Angestellten und an die Bestrebungen zur energischen Verwertung der neuesten technischen Errungenschaften für die Seefischerei, sowie an die Arbeiten der chemischen Industrie gedacht. Letztere besonders eröffnen für die Allgemeinheit neue, dieser so gut wie unbekannte Möglichkeiten; sie schaffen aus den für gewöhnliche Ernährungszwecke ungeeigneten Fischabfallmaterialien sogar Speisefette und haben uns vor allem erst in allerneuester Zeit als sehr wertvolles Geschenk solche chemischen Verfahren gegeben, die eine restlose Ausnutzung aller Abfälle sichern.

Soweit also die notwendigen Voraussetzungen für eine gedeihliche Entwicklung der deutschen Seefischerei und der mit ihr Hand in Hand arbeitenden Erwerbs- und Wirtschaftszweige gegeben sind, wird von ihr, unterstützt durch unsere chemische Industrie, auf die wir mit Vertrauen und Dankbarkeit rechnen können, kräftig an unserem Wiederaufbau mitgearbeitet werden.

Wir sprechen hier nur von der Seefischerei, also der Hochsee- und Küstenfischerei, scheiden daher die Binnenfischerei bei unseren Betrachtungen aus. Wenn letzten Endes natürlich auch die heutige Lage der deutschen Seefischerei für unser Urteil über ihre wirtschaftliche Bedeutung maßgebend sein wird, und uns auch nur diese den Ausgangspunkt für die Erwägungen, in welcher Hinsicht Verbesserungen angestrebt werden müßten, liefert, so bedarf doch der uns heute sozusagen als „normal" erscheinende Zustand der Vorkriegszeit einer eingehenden Würdigung. Dies vor allem schon aus dem Grunde, um die wirtschaftlich sehr bedeutenden Verschiebungen erkennen und feststellen zu können, weiter aber auch um in der Lage zu sein, Fehler, seien es frühere oder heutige, unter dem Gesichtswinkel der zu erstrebenden Wiederkehr normaler Verhältnisse in ihrer Tragweite und hinsichtlich ihres Ursprungs zu bestimmen und zweckdienliche Vorschläge für Gegenwart und Zukunft machen zu können. Die Behandlung der Friedensjahre der deutschen Seefischerei ist deshalb noch besonders wichtig, weil die Seefischerei auch in diesen Jahren, wie oben schon einleitend bemerkt wurde, ein Schmerzenskind der deutschen Wirtschaft war, also schon zu normalen Zeiten sehr vieles verbesserungsbedürftig gewesen ist.

Nach dem hier Gesagten entfällt für uns die Notwendigkeit der Beschäftigung mit den rein technischen Dingen der Seefischerei [10]), also insbesondere mit den Fangtieren, den

---

[10]) Vgl. hierzu Dr. Hans Goldschmidt, die Deutsche Seefischerei, Carl Heymanns Verlag, 1911, §§ 2 bis 16.

Fanggebieten und den Fangzeiten, der Fischereitechnik, dem Schiffsmaterial und Fanggerät, den Fischereihäfen und allem, was damit in technischem Sinne zusammenhängt. Daß natürlich die Wirtschaftlichkeit dieser oder jener technischen Einrichtung oder der Gebräuche uns in volkswirtschaftlichem Sinne interessieren wird und muß, bedarf weiter keiner Betonung. Ebenso müssen wir uns über den Bestand der deutschen Fischereiflotte, über die vorher schon einige Angaben gemacht wurden, Rechenschaft geben.

Da natürlich auch der Erfolg der deutschen Seefischerei von ihrem Schiffsmaterial in weitgehendem Maße abhängt, ist es unerläßlich, auf die Art und Größe, Beschaffenheit und Zweckmäßigkeit der deutschen Fischereifahrzeuge näher einzugehen.

Es ist bereits ausgeführt worden, daß die deutsche Seefischerei unter viel weniger günstigen Verhältnissen arbeitet, wie ihre ausländische Konkurrenz, und zwar hauptsächlich deswegen, weil die besten Fanggründe weit von der deutschen Küste entfernt liegen. Daraus ergab sich schon die auch heute noch bestehende Notwendigkeit, die Fischereifahrzeuge größer zu bauen, wie dies in anderen Ländern, insbesondere in England, Dänemark und Norwegen üblich war, denn die weiten Reisen und die damit bedingte längere Abwesenheit vom Heimathafen erforderten größere Kohlenvorräte, mehr Proviant und auch bessere Seetüchtigkeit. Im Jahre 1911 bereits finden sich in der deutschen Fischereidampferflotte Schiffe bis zu 780 cbm brutto, das sind etwa 280 tons, Dampfmaschinen bis zu 450 PS. und Besatzungen bis zu 16 Mann. Die Durchschnittsgröße lag allerdings unter diesen Zahlen, und zwar bei 350 bis 500 cbm brutto, mit Maschinen von etwa 100 bis 250 PS., welche Fahrzeuge aber immer noch als verhältnismäßig groß anzusprechen sind. Die Herstellungskosten der Dampfer waren im allgemeinen höher als im Auslande, da Materialien und Löhne bei uns teurer als im Auslande bezahlt werden mußten, und die Vorschriften der Deutschen Seeberufsgenossenschaft für die Fischdampfer sehr strenge waren und noch sind. Die Unterhaltung dieser großen Dampfer erfordert natürlich große Mittel, dazu kommen die höheren Amortisierungskosten und Zinsen, die hohen Versicherungsgebühren sowie die Sozialunkosten, also Kranken-, Alters- und Invalidenversicherungen, so daß die Lasten der Unterhaltung recht erhebliche waren und eine konsequente Ausnutzung verlangten. Die Betriebskosten eines Dampfers mittlerer Größe werden von Grotewold mit etwa 70 000 M. für das Jahr angesetzt [11]).

Im Vergleich mit den Dampfern nahm der Bau und die Inbetriebhaltung von Seglern mit Hilfsmaschinen natürlich wesentlich geringere Kapitalien in Anspruch, so daß sich diese Art Fahrzeuge für manche Zwecke der Seefischerei bald den großen Dampfern gegenüber als wirtschaftlicher erwiesen. Diese Erfahrung findet ihren Ausdruck schon in den oben angeführten Vergleichsziffern des Bestandes der deutschen Seefischereiflotte, bei der die Vermehrung der Segler mit Hilfsmotoren am stärksten erscheint.

---

[11]) Vgl. die Lage der deutschen Hochseefischerei im Jahre 1909.

b) Die Unternehmungen der deutschen Seefischerei.

Daß die schnelle Entwicklung der deutschen Seefischerei um die Jahrhundertwende nur mit der Umstellung auf moderne technische und kaufmännische Prinzipien möglich war, wurde in der vorhergehenden geschichtlichen Darlegung schon erwähnt. Größere und infolge ihrer Dampfmaschinen leistungsfähigere Fahrzeuge, die systematisch und regelmäßig dem Fang obliegen konnten, neue, ertragreichere Fanggeräte, insbesondere das aus England eingeführte Grundschleppnetz, und richtige kaufmännische Betriebsorganisationen gaben erst die Möglichkeit der Befreiung von dem bisherigen Fischereikleingewerbe. Wer sich in Friedenszeiten nicht in dieser Weise umgestellt hatte, wer mit Seglern arbeitete, gehörte zum Kleingewerbe. Nur die Dampferfischerei und die Großheringsfischerei galten als Großbetriebe und waren kapitalistische Unternehmungen in gesellschaftlicher Form. Nur einige dieser größeren Unternehmen blieben in der Hand von Einzelpersonen, so z. B. von Ahlers in Bremerhaven, von Busse und Pust in Geestemünde [12]).

Die üblichen Rechtsformen der Fischereiunternehmungen waren die der offenen Handelsgesellschaft, der G. m. b. H., der Aktiengesellschaft und der Reederei. Die rechtlichen Verhältnisse der drei erstgenannten Gesellschaftsarten sind als allgemein bekannt vorauszusetzen, dagegen nicht die Form der Reederei [13]). Diese stammt aus dem Mittelalter und hat sich

---

[12]) Vgl. Schiffsregister Bremerhaven und Geestemünde.

[13]) Vgl. Goldschmidt, a. a. O., § 17, H. G. B. §§ 489 ff.

im Laufe der Zeit nur wenig verändert. Angepaßt war sie den Bedingungen der Eigentumsgemeinschaft mehrerer an einem Schiffe, also für einfache Verhältnisse berechnet; sie kennt keinen Schutz des Mitreeders entsprechend dem des Aktionärs der Aktiengesellschaft, sie hat weder eigene Rechtspersönlichkeit noch festes Kapital und auch keinen Vorstand, wie die Aktiengesellschaft. Die Haftung der Mitreeder ist nicht beschränkt, die Entscheidungen erfolgen durch Mehrheitsbeschlüsse der sämtlichen Reeder, die wieder nur Wirkung haben, wenn den Zustimmenden die Mehrheit am Eigentum des betr. Schiffes gehört. Jede Reederei gilt nur für ein Schiff, bzw. es muß für jedes Schiff eine eigene Reederei bestehen. Es erhellt schon aus diesen Darlegungen, daß die Handhabung der Geschäfte bei Reedereien kompliziert und schwerfällig ist und daß, da Bestimmungen für die Aufstellungen von Bilanzen für die Reedereien nicht bestehen, sie in ihren Ergebnissen kaum nach den Gewinnziffern, die nur selten ein richtiges Bild geben, beurteilt werden dürfen. Bei größeren Reedereien ergibt sich also die Notwendigkeit, für jedes einzelne Schiff des Unternehmens getrennte Abschlüsse zu machen, so daß hier immerhin Gelegenheit zu Undurchsichtigkeiten gegeben ist.

Die Zahl der Seefischereiunternehmen in der Rechtsform der Reederei gegenüber der der Aktiengesellschaften und der Gesellschaften m. b. H. ist verhältnismäßig nicht sehr bedeutend gewesen und hat sich wohl nach dem Kriege auch nicht vergrößert. Wo sie aber vorhanden sind, ist die Beurteilung ihrer Geschäftslage, wie schon gesagt, nicht einfach, ganz besonders da, wo einzelne der Mitreeder persönlich wieder, sei es als Lieferanten von Materialien, sei es als Abnehmer von Fischen oder sonst irgendwie interessiert sind.

Viel klarer liegen die Verhältnisse bei den Gesellschaften mit Rechtspersönlichkeit, also bei den Fischereiunternehmen in der Form der Aktiengesellschaften und der Gesellschaften mit beschränkter Haftung. Der Deutsche Seefischerei-Almanach vom Jahre 1911 weist 21 Gesellschaften dieser Art mit einem Grundkapital von insgesamt 25 Millionen Mark auf[14]). Zu ihnen gehörten die sämtlichen Heringsfanggesellschaften (11) und in der Hauptsache auch alle größeren in der Nordsee arbeitenden und Frischfischfang betreibenden Unternehmen (6), die restlichen 4 Gesellschaften beschränken sich nicht auf nur das eine oder andere Gebiet und arbeiten im Herings- und Frischfischfang. Die größte unter diesen 21 Gesellschaften ist die Deutsche Dampffischerei-Gesellschaft „Nordsee", die dem Frischfischfang und dem Heringsfang obliegt, und die auch den Versuch gemacht hat, durch eine besondere, sich über ganz Deutschland erstreckende Verkaufsorganisation den Zwischenhandel möglichst auszuschalten. Das Unternehmen kann also auch als Handelsgesellschaft angesprochen werden und hat außerdem noch Fischindustrieinteressen. Es bietet daher ein Beispiel für eine ganz modern ausgestaltete Unternehmungsform des Fischereiwesens. Von der Gründung im Jahre 1896 an hat sich die Gesellschaft befriedigend entwickelt; sie verteilte an Dividenden 1899 und 1900 je 5 Proz., dann 6, später 10, schließlich 16 Proz. in 1½ Jahren, dann wieder 6, 12 und 8 Proz., bis zur Krisenzeit von 1907, wo ebenso, wie in den zwei folgenden Jahren keine Dividenden gewährt wurden.

Das Gründungskapital war drei Millionen Mark, und das letzte Friedenskapital belief sich auf 5¼ Millionen Mark; 1921 erfolgte eine Kapitalserhöhung auf 12 Millionen Mark.

Von bedeutenderen Gesellschaften sind noch zu nennen: die Cuxhavener Hochseefischerei, Aktiengesellschaft, Hamburg, mit einem Stammkapital von 2,2 Millionen Mark und 19 Dampfern, 1921 nach Erhöhung des Kapitals um 15 Millionen die größte deutsche Fischereigesellschaft, dann die Hochseefischerei Bremerhaven, Aktiengesellschaft, Bremerhaven, mit einem Gründungskapital von 1,8 Millionen Mark und 14 Dampfern sowie drei mit Hilfsmaschinen ausgestatteten Loggern im Jahre 1910. Es folgen zwei Aktiengesellschaften mit je 1,5 Millionen Mark Gründungskapital, d. s. die Hoch-

---

[14]) Vgl. hierzu Goldschmidt, a. a. O., Tabelle X., außerdem § 18.

seefischerei J. Wieting, Bremerhaven und die Bremen-Vegesacker Fischerei-Gesellschaft in Vegesack, die nur Heringsfang betreibt; ferner drei Gesellschaften mit über 1 Million Kapital, schließlich fünf mit je 1 Million und endlich die kleineren, mit jeweils weniger als 1 Million Mark Kapital. Die Heringsfischereiunternehmen haben im allgemeinen besser abgeschnitten, als die Fischereigesellschaften. Sie haben zum Teil auch noch im Krisenjahr 1907 und in den folgenden Jahren Dividenden ausgeschüttet, was den Frischfischfanggesellschaften mit einer einzigen Ausnahme nicht möglich war. Auch nach dem Durchschnitt der Jahre bis 1910 haben die Heringsfischereigesellschaften besser gearbeitet und können Dividenden-Durchschnittszahlen zwischen 2 und 6 v. H. aufweisen. Die Gesellschaften, die in den Jahren 1906 bis 1910 erst in Erscheinung traten, hatten natürlich schon von Anbeginn an mit sehr ungünstigen Verhältnissen zu rechnen, eine Tatsache, die auch in den fehlenden Gewinnen sich ausdrückt.

Die Fischereigesellschaften haben, wie schon an anderer Stelle angedeutet, während des Krieges recht gut verdient[15]). Die Gewinnzahlen waren so hohe, daß sie nur aus den vorteilhaften Verträgen der Gesellschaften mit dem Reiche erklärt werden können. Bestimmend kann für diese die allgemein üblichen Kriegssätze weit überschreitenden Vergütungen eben immer nur der Gedanke der Aufrechterhaltung der Leistungsfähigkeit der Seefischerei durch die Gewährung der Möglichkeit des Ersatzes für verlorene oder beschädigte Schiffe gewesen sein. Es ist im Rahmen dieser Arbeit leider nicht möglich, auf Einzelheiten dieser ziemlich komplizierten Materie einzugehen, bezüglich derer auf die sehr interessanten Darlegungen von Dr. Rogowsky in seinem hier schon zitierten Werke verwiesen werden muß.

Die größeren Fischereiunternehmen haben in den Jahren 1920 und 1921, wenn die allgemein drückende wirtschaftliche Lage berücksichtigt wird, gar nicht schlecht abgeschnitten.

---

[15]) Vgl. Rogowsky, a. a. O., S. 65 ff.

Der Absatz war schwankend, aber nicht ungünstig, die Preise konnten im allgemeinen als befriedigend bezeichnet werden. Es zeigte sich eine wieder zunehmende Unternehmungslust, so daß in den beiden Jahren mehrere Neugründungen mit Kapitalien zwischen 3 und 8 Millionen Mark zu verzeichnen sind. Insgesamt bezifferte sich 1921 der Kapitalbedarf der Seefischerei für Neugründungen und Kapitalserhöhungen auf etwa 70 Millionen Mark, damals immer noch ein sehr beachtlicher Betrag. Die Kapitalserhöhungen dienten auch nicht, wie man heute leicht verleitet ist anzunehmen, nur der Angleichung an die Verminderung des Wertes der Substanz, sondern sie waren insonderheit zur Beschaffung von neuen Fahrzeugen bestimmt, deren Kosten damals zwar schon als fabelhaft bezeichnet wurden, aber doch immer noch erschwinglich waren. Ende 1921 kostete ein Fischdampfer etwa 4 Millionen Mark gegen etwa 100 000 M. im Frieden und gegenüber unzähligen Milliarden bei Niederschrift dieser Ausführungen.

---

c) Die Lage der deutschen Seefischerei vor dem Kriege.

Nach den im vorigen Kapitel angeführten Gewinnzahlen der vor 1900 gegründeten größeren Fischereiunternehmen, — es sind etwa 8 von den 21 im Jahre 1907 bestehenden — war die Lage der deutschen Seefischerei bis 1907 ziemlich befriedigend. Das trifft auch für die Küstenfischerei zu, aber nicht für die Segelfischerei, die damals schon recht bedrängt erschien. Sie konnte sich eben gegen die modernere und stärkere Konkurrenz der Dampffahrzeuge mit ihren besseren Fanggeräten auf die Dauer nicht behaupten, wenn sie sich nicht einer für sie besonders passenden Aufgabe, wie z. B. dem Fange von besonders feinen Gattungen von Seefischen zuwandte. Bis aber diese Erkenntnis sich bei den sehr konservativen Fischern durchsetzen konnte, waren neue Entwicklungen eingetreten, die wieder alles von Grund auf änderten. Diese Ereignisse sind die oben schon erwähnten Krisen von 1907 und 1908 und der Weltkrieg 1914—18.

Es ist nicht der in den Krisenjahren 1907 und 1908 eingetretene Rückschlag allein, der bedenklich stimmen muß, sondern vielmehr noch die Tatsache, daß es der deutschen Seefischerei in den noch folgenden Friedensjahren so schwer geworden ist, die Folge dieser Krise zu überwinden. Wenn es sich um reine Fehljahre handelte, so hätte ein gut fundierter Erwerbszweig durchhalten müssen, ohne für dauernd Schaden zu leiden. Trat aber das letztere ein, so mußten die Krisenjahre in den Seefischereiunternehmen und ihrer Arbeitsweise oder in dem Fischereigewerbe, so wie es betrieben wurde, Schäden, Mängel oder Schwächen aufgedeckt haben, die für die Existenz und nicht nur für die Weiterentwicklung der deutschen Seefischerei von entscheidender Bedeutung waren. Es ist also nicht angängig, von dieser Krise nur als einer historischen Tatsache Kenntnis zu nehmen, sondern es ist unerläßlich, sich kurz mit ihren Ursachen und ihren Wirkungen zu beschäftigen.

Es ist schon darauf hingewiesen worden, daß die deutsche Seefischerei unter nicht günstigen Verhältnissen arbeiten muß, und daß die allgemeinen Bedingungen, sowie die Verhältnisse, denen dieser Erwerbszweig unterliegt, im Vergleich zu anderen Zweigen unseres Wirtschaftslebens immer viele Momente der Unsicherheit und damit des Risikos in sich schließen.

Was aber waren nun die Ursachen oder bei der großen Zahl von zusammenwirkenden Umständen die Hauptursachen der Krise?

Wie schon vorher erwähnt, arbeiteten die größeren Seefischereiunternehmen nach neuzeitlichen Prinzipien und mit neuzeitlichem technischen Material, also mit Dampfern und modernen Fanggeräten. Die das Hauptanlagekapital darstellenden Fischdampfer mußten daher in rein kaufmännischem Sinne voll ausgenutzt, d. h. in Betrieb gehalten werden. Aber die dauernde Inbetriebhaltung der durch hohe Anschaffungs-, Abschreibungs- und Versicherungskosten schon ziemlich belasteten Dampfer beansprucht erhebliche Mittel. Die Unternehmen mußten daher mit einer dauernden, normalen und qualitativ wie quantitativ befriedigenden Ausbeute rechnen, da angesichts der Konkurrenz des Auslandes, welches, im allgemeinen gesagt, unter günstigeren Bedingungen arbeiten konnte, die Preisspanne zwischen Gestehungs- und Verkaufspreisen relativ gering war, wobei auch noch das Fehlen eines geregelten Absatzes und die immer noch nicht genügende Aufklärungsarbeit ungünstig mitwirkten. Der schlanke Absatz zu angemessenen und einen genügenden Verdienst lassenden Preisen war bei qualitativ minderen Fängen gefährdet, bei quantitativ schlechten war aber der Verkauf schon verlustbringend, da, wie dargelegt, die Auslandskonkurrenz kein entsprechendes Heraufsetzen der Preise zuließ, wie auch die deutschen Konsumenten keine höheren Preise gewähren wollten.

Das Jahr 1907/1908 brachte nun dauernd schlechte Fänge insofern, als die Anzahl der großen Fische, die mit den Fängen angebracht wurden, viel geringer war, wie in den vorhergehenden Jahren [16]). Von den Schellfischen und Weißlingen waren 1906 große Tiere 6,4 %, 1908 jedoch nur 2,6 %. Die Nachfrage nach großen und besser bezahlten Quantitäten konnte also nicht befriedigt werden, die Mengen von kleineren Fischen aber fanden keinen Käufer. Angebot und Nachfrage im Fischhandel gingen nebeneinander vorbei.

Ob als Grund dieser schlechten Fangausbeute in den Jahren 1907 und 1908 Ueberfischung, also Raubbau an den Fischgründen anzusprechen war, ist eine Frage, die der Wissenschaft zu entscheiden bleibt. Diese Frage der Ueberfischung ist natürlich auch für die deutsche Seefischerei von grundlegender Bedeutung, kann aber als Problem nur in Gemeinschaft mit allen anderen Fischfang treibenden Nationen in Angriff genommen und gelöst werden. Ob die dauernde Befischung bestimmter Fanggebiete mit neuzeitlichen Methoden eine Verminderung der Fischbestände oder eine Veränderung, d. h. Abnahme der Fischgrößen verursacht, ist immerhin, wenn auch sehr unwahrscheinlich, so doch nicht bewiesen [17]).

Fischer und Fischhändler klagten schon lange darüber, daß die Fische von Jahr zu Jahr an Größe abnehmen. Nach-

---

[16]) Vgl. Goldschmidt, a. a. O., § 38.

[17]) Vgl. hierzu Ehrenbaum, Entvölkerung des Meeres durch übermäßige Befischung, Mitteilungen des Deutschen Seefischerei-Vereins, 1901. — Henking, Die Organisation und die Aufgaben der Internationalen Meeresforschung, Mitteilungen des Deutschen Seefischerei-Vereins, 1904. — Vortrag von Dr. Hjort auf dem Fischereikongreß zu Bergen am 10. Juli 1907: „Einige Resultate der internationalen Meeresforschung", besprochen in der Deutschen Fischerei-Zeitung, 1907, S. 580 u. 593 ff.

gewiesen ist, daß schon Ende der neunziger Jahre die Anzahl der Plattfische in der Nordsee merklich geringer wurde [18]).

Auch nach dem Kriege ist die Nordsee trotz der fast vierjährigen Schonzeit nur für kurze Zeit ergiebiger gewesen, aber von der großen Seefischerei doch bald wieder verlassen worden, ein Umstand, der eigentlich für die Tatsache der Ueberfischung vor dem Kriege spricht; für die Entwicklung eines Nachwuchses an Fischen zur Auffüllung des Fehlenden war eben die Zeit zu kurz.

Es ist auch festgestellt, daß die Erträge der Schleppnetzfischerei Großbritanniens stetig zurückgehen, was an sich, zusammen mit dem Rückgange der Größe der Fische, beunruhigende Symptome sind, die jedenfalls die Möglichkeit einer übermäßigen Befischung nahelegen, wenn sie diese auch noch keineswegs beweisen.

Jedenfalls darf das Problem der Ueberfischung, welches in der Hauptsache der deutschen Seefischerei den Rückschlag in den Jahren 1907 und 1908 gebracht hat, für die Zukunft nicht aus den Augen verloren werden, trotzdem heute durch die Schonung in den Kriegs- und Nachkriegsjahren die Erscheinungen der damaligen Jahre nicht mehr so stark auftreten, aber doch noch keineswegs verschwunden sind.

Ein weiterer wichtiger Grund ist die ausländische Konkurrenz gewesen. Die Einfuhr von Fischen aus dem Ausland war, wie bereits angedeutet, recht beträchtlich. Zollschranken waren zum Schutze der Seefischerei nicht vorhanden, erst später wurden zunutzen der Fischkonservenindustrie für diese Zollschranken errichtet. Dabei lagen die Bedingungen in vieler Hinsicht für die ausländischen Verkäufer günstiger, wie für die deutschen. Dies galt insbesondere für die holländischen, belgischen und dänischen Einfuhren. Daß die Einfuhr sich der deutschen Zufuhr gegenüber übermäßig gesteigert haben soll, ist ein Trugschluß, den Goldschmidt völlig

---

[18]) Heincke, Die Ueberfischung der Nordsee und Schutzmaßnahmen dagegen. Mitteilungen des Deutschen Seefischerei-Vereins, 1894, S. 61 ff.

zutreffend berichtigt [19]). Jedoch ist es nicht zu bestreiten, daß der deutsche Fischfang durch den ausländischen Wettbewerb sehr beeinträchtigt wurde, schon durch die Berücksichtigung, die in der Preisbildung nötig war.

Dazu kamen dann noch innere Gründe, wie zu hohe Selbstkosten, Verwaltungsspesen und eine allzugeringe Nachfrage, sowie eine unzulängliche Absatzorganisation, was alles dazu beitrug, die Krise erheblich zu verschärfen.

Im ganzen genommen, sind äußere Momente, und zwar bestimmte biologische Verhältnisse, Anlaß und Hauptursache für die Krise gewesen, die ihren Höhepunkt aber nur erreichen konnte, weil auch innere Gründe in gleicher Richtung bei den Unternehmungen der Seefischerei parallel wirkten. Hier scheinen die Gefahren vorhanden zu sein, die schon im Frieden verhängnisvoll wurden, also für heute wohl besondere Beachtung beanspruchen können.

---

[19]) Vgl. Goldschmidt, a. a. O., § 37.

3. Die deutsche Seefischerei im Kriege.[20]

Der Krieg stellte die junge und noch gar nicht in sich selbst gefestigte deutsche Seefischerei vor eine schwere Probe [20]). Freilich war der Wert dieser Probe, vom wirtschaftlichen Standpunkt aus gesehen, nur ein bedingter, da keine normalen Verhältnisse gegeben waren. Gewissermaßen aber war er doch ein unbedingter, nicht mehr durch die Schärfe der Situationen zu übertreffender. In unserer Zeit, in der sich die Allgemeinheit daran gewöhnt hat, die Relativität aller Dinge, auch der politischen und wirtschaftlichen Momente, als das Unumstößliche zu betrachten, wiegt auch das Unbedingte in jeder Hinsicht schwerer. Erst im Weltkrieg, als alle anderen Lebensmittel knapp waren und immer schwerer zu beschaffen wurden, hat die Mehrheit des deutschen Volkes sich auf den Seefisch besonnen. Und nicht nur an die Fische, sondern an allerhand Seegetier und Fischprodukte, welchen man früher alles, nur keine Ehre angetan hat; an Seemuscheln und Fischrogen, ja sogar an Fischwurst und noch weniger wohlschmeckende Delikatessen hat man sich erinnert. Nun hieß es auf einmal: die im Meere schlummernden Schätze müssen gehoben werden mit den üblichen Schlagworten und epitheta ornantia: „System und Organisation“.

Mit Kriegsbeginn wurde die deutsche Seefischereiflotte nicht nur des besten und größten Teiles ihres Mannschaftsbestandes, sondern auch ihrer besten und meisten Fischdampfer beraubt. Für letztere bestanden nämlich vertragliche Verein-

[20]) Vgl. hierzu: Dr. Rogowski, Die Organisation der deutschen Fischwirtschaft im Kriege.

barungen mit der deutschen Admiralität, — sie waren der Marine sofort zur Verfügung zu stellen und fanden im Sicherungsdienst, insbesondere als Vorpostenboote, Verwendung. Dann folgte natürlich eine Sperrung der Nordsee- und Ostseegebiete, soweit sie für Operationen in Frage kamen. Diese schloß auch eine Sperrung der Elbe- und Wesermündung und das Fischereiverbot, welches selbst auf Segler ausgedehnt wurde, ein. Die Seefischerei ruhte in den ersten Wochen nach der Mobilmachung also vollständig, — und selbst, wenn größere Mengen Fische gefangen worden wären, so hätte infolge der Inanspruchnahme der Transportmittel doch keine Möglichkeit bestanden, sie zu befördern und abzusetzen. Erst nachdem der Aufmarsch beendet und die Eisenbahnen einigermaßen für andere Transporte wieder frei wurden, konnte mit dem durch die Verhältnisse sehr verminderten Fischereierträgnis für Ernährungszwecke auch für das Hinterland gerechnet werden.

Vom Admiralstab wurden bestimmte Gebiete für die Fischerei freigegeben, so daß die Fischerei bis in das Jahr 1915 doch immerhin noch fast ein Viertel ihres Friedensertrages brachte, was angesichts der sehr ungünstig veränderten Verhältnisse recht viel und wertvoll war.

Daß unsere Feinde, insbesondere die Engländer, mit allen Mitteln danach streben würden, uns diese doch für Deutschland lebenswichtige Zufuhr abzuschneiden, war zu erwarten und paßt in den Rahmen ihres rücksichtslosen Aushungerungskrieges. Leider gelang es unseren „sog. Vettern“ auch gegen Ende des Jahres 1916, nachdem sie durch längere Nichtbelästigung die deutsche Fischereiflotte sicher gemacht hatten, den größten Teil unserer Fischdampfer im Kattegatt zu kapern bzw. zu vernichten [21]). Damit war natürlich eine Steigerung der Fischereiergebnisse, wie sie für die deutsche Ernährung so dringend nötig war, für lange Zeit unterbunden. Dieser Ausfall konnte durch die intensivste und durch sehr hohen Gewinn lockende Küstenfischerei, die ja insbesondere auf die Ostsee beschränkt blieb, nicht wieder eingeholt werden.

[21]) Vgl. Rogowsky, a. a. O., S. 13.

Ersatz für die verlorenen Fischdampfer durch Neubauten war so schnell nicht zu beschaffen, — die Werften führten dringende Marinearbeiten aus —, weswegen auf die noch vorhandenen und unbenutzt liegenden kleineren Fahrzeuge aus der Heringsfischerei und Küstenfischerei zurückgegriffen werden mußte. Ende 1916 wurde dann von der Marineleitung eine Anzahl der für Vorpostenzwecke verwendeten Fischereidampfer freigegeben und außerdem Motorboote für den Fischfang in der Ostsee zur Verfügung gestellt. Auch die Frage der Bemannung, die das zweite kritische Moment darstellte, wurde einer einigermaßen befriedigenden Lösung durch die zeitweilige Freigabe von tauglichen Fischern und durch die Verwendung von Garnisondienstfähigen entgegengeführt.

Aber trotz aller dieser Maßnahmen zur Förderung der Fischerei war der Erfolg keineswegs sehr erheblich, ganz abgesehen davon, daß sie in der Hauptsache zu spät kamen, nämlich zu einer Zeit, in der Fleischnahrung für die Bevölkerung allgemein fast nicht mehr vorhanden war, so daß das Ergebnis der Fischerei auch nur als Tropfen auf heißem Stein wirkte. In dieser Notlage blieb nichts anderes übrig, als auf fremde Einfuhr zurückzugreifen und diese nach Möglichkeit zu erleichtern. Vor allem wurde von der dem Bundesrat erteilten Ermächtigung, — sie datierte schon aus dem August 1914, — die Einfuhr von Fischen vom Zoll zu befreien, Gebrauch gemacht. Alle Rücksichten auf die heimische Fischindustrie mußten zurückstehen. Die Aufhebung der Zollschranken hatte den gewünschten Erfolg: für recht lange Zeit, also auf alle Fälle bis zur Einführung der Zwangsbewirtschaftung wurden große Mengen von Fischen in allen Formen nach Deutschland hereingebracht. Allerdings waren die Preise hoch, ja nach unseren damaligen Begriffen, die sich leider längst geändert haben, als Wucherpreise anzusprechen, aber die Notlage zwang zum Kauf zu jedem Preise. Daß natürlich nicht nur das feindliche, sondern auch das neutrale Ausland aus dieser unserer Notlage Nutzen zu ziehen suchte, oder unsere Not zum wenigsten durch Maßnahmen zur Sicherung der Deckung des Eigenbedarfes im Inland zu annehmbaren Preisen verschärfte, ist eine allgemein bekannte Tatsache. Ebenso daß die Engländer in großzügigster Weise durch Massenaufkäufe in den neutralen Ländern uns möglichst große Quantitäten zu entziehen oder doch die Preise in die Höhe zu treiben suchten. Große Mengen dieser von den großbritannischen Regierungsaufkäufern gesicherten und bezahlten Fischmengen sind niemals englischerseits abgenommen worden, sondern einfach verdorben. Auch durch große Lieferungsverträge mit den Neutralen hat England es verstanden, auf deren Fischhandelspolitik zu unserm Schaden einzuwirken. Dazu kamen dann die Ausfuhrbeschränkungen in Holland und Skandinavien oder die Erhebung von Exportprämien (Holland) und die Festsetzung von Inlandshöchstpreisen in Dänemark, Maßnahmen, die für uns ähnliche Wirkung hatten wie Ausfuhrbeschränkungen.

Die ungenügende Eigenproduktion, die geringer werdende Einfuhr, die hemmungslose Preistreiberei nicht nur in ausländischen, sondern auch in einheimischen Fischen und Fischereiprodukten zwang dann zur Einführung der Bewirtschaftung auch auf diesem Gebiet, die zuerst in allgemeineren und überwachenden Maßnahmen, dann in einer straffen Zentralisierung des Einkaufs und der Verteilung unter Ausschaltung der berufsmäßigen Organe des Handels und der Fischindustrie, oder denen, die es zu sein vorgaben, ihren Ausdruck fand.

Ueber Einzelheiten und Organisation der Fischbewirtschaftung gibt das hier wiederholt angeführte, vortreffliche Werk von Dr. Bruno Rogowsky, „Die Organisation der deutschen Fischwirtschaft im Kriege“, eine fesselnde Uebersicht, die im einzelnen auch gut erkennen läßt, mit welchen Schwierigkeiten gerechnet werden mußte, und die mehr zwischen den Zeilen die vorhandenen Widerstände wie auch die begangenen Fehler und Versäumnisse charakterisiert. Der Verfasser hebt in seinem Vorwort sehr zutreffend ganz besonders die Tatsache hervor, daß das schwierigste Problem auch in dieser Bewirtschaftung das Finden der richtigen Mitte zwischen status quo und Notwendigkeit war und blieb, und daß auf die getroffenen Entscheidungen dann von allen interessierten Seiten regelmäßig versucht wurde einen bestimmenden Einfluß auszuüben, und zwar auf das Finden dieser Entscheidung ebenso wie auf ihre Durchführung.

Von der Fischbewirtschaftung verblieb nach Freigabe der Seefischerei im August 1919 über die Revolution hinaus nur die der Fischeinfuhr, welche den neuen Erfordernissen entsprechend umgebildet worden war. Von seiten der beteiligten Kreise wurde es dann erreicht, daß diese Bewirtschaftung im zweiten Halbjahr 1920 ebenfalls fiel, und die Fischeinfuhr ab 8. Juli, die Salzheringseinfuhr ab 15. September 1920 freigegeben wurde. Ob die Freigabe und ihr Zeitpunkt richtig war, wird heute von mancher Seite bezweifelt, soll hier nicht untersucht werden. Jedenfalls hätte eine Fortführung der Bewirtschaftung in der bürokratischen Art der Kriegsorganisationen wohl doch mehr geschadet als genützt, schon weil ihr Wirken im Hinblick auf die Qualität der Fischereierzeugnisse kein vorbildliches gewesen ist, eine Tatsache, die, gerecht beurteilt, bereits darin begründet lag, daß die Ausschaltung jedes persönlichen Interesses der Angestellten durch die reine Lohnarbeit auf die Dauer verhängnisvoll wirken mußte.

---

4. Die deutsche Seefischerei nach dem Kriege.

Nach Wiedereintritt normaler Zustände, d. h. nach der Befreiung von den Fesseln der Zwangswirtschaft, war die Wiederinstandsetzung der Seefischereiflotte die Voraussetzung für die Wiederaufnahme der Seefischerei. Die meisten Fischdampfer hatten, wie schon gestreift, in der Kriegsmarine als Vorpostenschiffe Dienst getan, viele waren verloren, andere in ihrer Leistungsfähigkeit durch die jahrelangen Dienste herabgemindert. Ersatz war während des Krieges kaum beschafft worden, da man die Kosten scheute und die Industrie für andere als für Kriegslieferungsgeschäfte so gut wie kein Interesse hatte. Der einzige Zuwachs an Fahrzeugen während des Krieges war der Fischereiflotte durch Umbauten oder Einstellung von sonst unbenutzten Schiffen geworden, deren Mehrheit natürlich nur eine beschränkte Brauchbarkeit aufwies, und, sobald sich die Gelegenheit bot, auch wieder ihren früheren Verwendungszwecken zurückgegeben wurden. Aus der Miete, welche das Reich den Schiffseignern für die Ueberlassung der Fischdampfer bezahlte, der sogenannten „Verzinsung", ergab sich für deren Eigentümer schon eine Rentabilität, die 4 bis 5 mal so hoch als die Friedensrentabilität der Dampfer bei Ausübung der Fischerei gewesen ist [22]). Durchschnittlich belief sich diese Verzinsung auf etwa 26,5 Proz. des Anlagewertes des betreffenden Fischdampfers, der nach

[22]) Vgl. Dr. Rogowsky, a. a. O., S. 62.

sicherem Gesichtspunkte errechnet wurde, wenn die Bücher des Eigners darüber keine genügenden Aufschlüsse gaben. Es wurde also weit über das Uebliche bei Festsetzung dieser Vergütungen hinausgegangen, auch wenn man das besonders hohe Risiko und die außergewöhnlich starke Abnützung abgelten wollte. Aus diesen laufenden und in den meisten Fällen auch für die Kriegszeit dauernden Einnahmen flossen den Schiffseignern, also in der Hauptsache den großen Fischereigesellschaften und Reedereien, recht beträchtliche Beträge zu, die noch durch die verhältnismäßig sehr hohen Preise für frische Fänge vermehrt wurden. Schon von Anfang der Fischbewirtschaftung an waren für deutsche Fänge Richtpreise festgesetzt worden, die schon über den Einfuhrpreisen lagen. Man wollte eben unter allen Umständen durch den Preisanreiz die Fischförderung heben und glaubte dabei auf Preisfragen keine Rücksicht nehmen zu sollen. Der gewünschte Erfolg trat auch in der Tat ein. Als aber als zwangsläufige Folge bei Auftreten von größeren Fischzügen mehr eingebracht wurde, wie im Verteilungsschlüssel und -plan vorgesehen war, da schien guter Rat teuer. Denn die Annahmepreise waren einmal festgesetzt, ein dem Angebot und der Nachfrage entsprechendes Regulativ der Preisbildung gab es aber nicht mehr. Bis auf Grund eingehender Erwägung eine entsprechende Verordnung erging, waren die Mengen schon längst verdorben. — Jedenfalls aber sind die Kriegseinnahmen der Seefischereiunternehmen lohnend gewesen besonders, wenn man sie mit den Friedenserträgen vergleicht. Die verhältnismäßig reichlichen Mittel jedoch, welche man während des Krieges angesammelt hatte, um mit ihrer Hilfe nach Friedensbeginn zu günstigeren Bedingungen zu kommen, verminderten sich zusehends durch die nach der Revolution einsetzende und lawinenartig anwachsende Verschlechterung der deutschen Mark. Trotzdem ging die Seefischerei mit außerordentlicher Tatkraft und unter Einsatz von größerem Kapital und intensiver Arbeit an den Wiederaufbau, den sie trotz aller Widrigkeiten und wirtschaftlichen Nöte so weit gefördert und durchgesetzt hat, daß sie heute als eine der wertvollsten Quellen unserer Nahrungsmittelerzeugung und als ein lebenswichtiges Glied unserer ganzen Volkswirtschaft gelten kann.

Wenn die deutsche Seefischerei vielleicht mehr als andere große deutsche Erwerbszweige unter den bis jetzt hinter uns liegenden Nachkriegsjahren gelitten hat, so liegt das wohl in der Hauptsache an den Bedingungen, unter denen die Seefischerei zu arbeiten gezwungen war. Daß diese Bedingungen dem allgemeinen wirtschaftlichen deutschen Niedergang entsprechen und sich den Friedensverhältnissen gegenüber ständig verschlechterten, und ganz und gar keine günstige Ausnahme von der so traurigen allgemeinen Regel machten, ist ja leider bekannt. Im allgemeinen hatte man aber im Binnenlande über die Lebens- und Arbeitsbedingungen der Seefischerei unter normalen Verhältnissen, also zu Friedenszeiten, schon recht wenig zutreffende Vorstellungen. Welche Arbeit, Mühen und Unkosten aufgewendet und welche Gefahren überwunden werden müssen, um dem Meere seine lebenden Schätze abzutrotzen, welch ein schwerer und harter Beruf der Seefischerberuf ist, wie unsicher und wechselnd seine Erträgnisse sind und wie gering sein Lohn ausfällt, davon kann sich der Laie kaum ein Bild machen. Dieser Wahrheit die Ehre zu geben, scheint uns aber heute eine selbstverständliche Pflicht!

Wenn man sich über die neuere Lage der deutschen Seefischerei zutreffende Kenntnisse verschaffen will, übergeht man am besten das Jahr 1920, in dem sich erst alles wieder auf einen von der Zwangswirtschaft befreiten Betrieb umstellen mußte. Das Jahr 1921 gewährt hier bessere Information als das Jahr 1922, welches unter der katastrophalen Verschlechterung der deutschen politischen und wirtschaftlichen Lage, mit deren lähmenden Begleiterscheinungen den starken Rückgang zeigen muß.

Allerdings bietet auch das Jahr 1921 für die deutsche Seefischerei genug des Unerfreulichen, wenn es sich in seinen Ergebnissen, insbesondere den allgemein wirtschaftlichen, auch nicht so trostlos zeigt, wie es Max Lindner[22a]) darstellt. Richtig ist, daß wie überall im deutschen Wirtschaftsleben die stark verminderte Arbeitsleistung, die sprunghafte Steigerung der Löhne und Unkosten und der Achtstundentag ihre verhängnisvolle Wirkung auch in der Seefischerei gezeigt haben. Dazu kam die immer weiter umsichgreifende Geldentwertung, mit ihr die Verteuerung der Rohmaterialien, insbesondere der Kohle und des Eisens, und schließlich gewiß nicht als unwichtigstes die Ungewißheit der Zukunft. Ganz besonders verhängnisvoll aber war der Kohlenmangel. Wochenlang mußten die Dampfer still liegen, weil keine Kohlen zu beschaffen waren. Nach einer Angabe in der D. F. Z.[23]) haben Ende des Jahres 1921 von 371 deutschen Fischdampfern nur 50 in Betrieb gehalten werden können. Daß unter solchen Umständen eine regelmäßige Arbeit, die wieder die Hauptvoraussetzung für den finanziellen Erfolg ist, nicht durchgeführt werden konnte, liegt auf der Hand. Dabei flossen die laufenden Unkosten weiter. Die Nachfrage war natürlich infolge der geringen Fänge, die noch durch sehr ungünstige Wetterverhältnisse vermindert wurden, stark und steigend — die Preise gingen unverhältnismäßig schnell in die Höhe —, kurz und gut, die Seefischerei wurde ein unstetes, gefährliches und immer geringeren Gewinn abwerfendes Geschäft. Auch die Verwendung von englischer Kohle kam bis auf Ausnahmefälle nicht in Betracht: der Preis der englischen Kohle, der weit über den deutschen Preisen lag, würde die Unkosten des Dampferbetriebes so gesteigert haben, daß ein Absatz zu deutschen Preisen, also in deutschen Häfen, ausgeschlossen gewesen wäre. Von verschiedenen Reedern wurde dann auch versucht, die durch die teuere englische Kohle verursachten Mehrkosten durch Absatz im Auslande wieder wettzumachen, wogegen jedoch der inländische Konsum Sturm lief, so daß die Fahrten nach dem Ausland aufhörten. Nun kamen aber die ausländischen Aufkäufer und trieben die Preise auf den deutschen

---

[22a]) in seinem Rückblick auf das Jahr 1921 in der D. F. Z. 1922, S. 49.

[23]) Vgl. Piscatorius, D. F. Z. 1922, S. 33.

Auktionen in die Höhe. Seitens der Regierung erging daher auf Betreiben der interessierten Kreise ein Ausfuhrverbot, in das auch das Löschen der Fänge in ausländischen Häfen einbezogen wurde. Dies konnte jedoch auf die Dauer nicht aufrechterhalten werden, da der Kohlenmangel die Seefischerei völlig zum Erliegen zu bringen drohte; man griff zu dem üblichen Kompromiß und gestattete den Dampfern, die ausschließlich mit englischer Kohle fuhren, ihre Ladungen in fremden, d. h. außerdeutschen Häfen zu löschen.

Heute ist der Absatz nach dem Auslande ganz freigegeben. Namentlich nach Holland geht ein großer Teil der deutschen Fänge, und zwar zu so guten Preisen, daß damit die Unkosten für die Beschaffung von englischer Kohle für die Fischdampfer gedeckt werden können. Da natürlich ein Teil der deutschen Fänge immer nach Deutschland geht, so ist diese Tatsache, die wenigstens zeitlich den Fortbestand eines wertvollen Erwerbszweiges sichert, auch im Hinblick auf die Sicherung der deutschen Ernährung von größter Bedeutung.

Das Gebiet der deutschen Hochseefischerei hat sich in neuerer Zeit bis zum Weißen Meere erweitert. Dadurch sind die Schwierigkeiten natürlich noch weiter gewachsen, insbesondere auch in finanzieller Hinsicht, da die Ausrüstung der Dampfer für so weite Reisen außerordentlich hohe Summen in Anspruch nimmt, die erst in etwa 14—20 Tagen wieder zurückfließen.

Ueber den heutigen Bestand der deutschen Seefischereiflotte an Fahrzeugen liegen keine authentischen und zuverlässigen Angaben vor. Seitens des deutschen Seefischereivereines, der die Angaben immer in dem von ihm jährlich herausgegebenen Fischerei-Almanach veröffentlichte, sollen die erforderlichen Zusammenstellungen demnächst herausgegeben werden. Bis dahin sind wir auf die Angaben im Nauticus 1923 [21]) angewiesen, nach welchem die Zahl der deutschen Fischdampfer am 31. Dezember 1922 385 sein sollte. Nach dem Kriege waren von 363 Dampfern am 1. Juli 1914 noch

[21]) E. S. Mittler & Sohn, Berlin, S. 335.

82 übrig, zu denen an Neubauten während des Krieges 199 und nachher 149 kamen. Durch Verkäufe und Verluste kamen 45 in Abgang. Die Zahl der Heringslogger für den großen Heringsfang dürfte sich im gleichen Zeitpunkt, also Ende 1922, auf etwa 175 gestellt haben.

Im allgemeinen behauptet in der Seefischerei der Dampfer seinen Platz, trotzdem eigentlich anzunehmen wäre, daß das Motorschiff mit seiner Unabhängigkeit von Kohlen und seinen vielen wirtschaftlichen Vorzügen den Dampfer zu verdrängen geeignet wäre. Aber in der Tat ist heute noch kein größeres, reines Motorschiff im Betrieb, während natürlich bei den kleineren Fischereifahrzeugen der Motor starke Verwendung findet. Bei uns wie auch im Auslande ist ein Ansteigen der Motorstärke für Fischereifahrzeuge festzustellen; ebenso wird der Motor für immer größere Fahrzeuge verwandt [25]). Nach Wölke könnte durch Wegfall des großen Dampfkessels schon eine Raumersparnis von 50 Proz. des Fischraumes gewonnen werden. Weiter könnte bei Ausnutzung des von der Dampfmaschine in Anspruch genommenen Raumes durch einen Dieselmotor dieser kräftiger sein, wie die Dampfmaschine; dem Schiff also eine größere Geschwindigkeit verleihen. Der Aktionsradius eines derartigen mit Oel befeuerten Fahrzeuges würde auch ein dem heutigen Dampfer gegenüber größerer sein können, wenn ein Teil der Bunker und der doppelte Boden zur Aufnahme der Oelvorräte benutzt würde, was den restlichen Bunkerraum für andere Zwecke freimachen würde. Dampfer, die jetzt für „mittlere Fahrt" geeignet sind, könnten also für „große Fahrt" eingestellt werden und entsprechenderweise Fahrzeuge für kleinere Fahrt in der mittleren Fahrt Verwendung finden, was wirtschaftlich neue Möglichkeiten erschließen würde. Daß mit dem Ersatz von Dampfmaschine durch den Motor auch eine Verminderung des Betriebspersonales erreicht werden könnte, was wieder eine Verringerung der Unkosten

---

[25]) Vgl. hierzu: Oberingenieur Wölke, Die Verwendung von Dieselmotoren als Antriebsmaschinen für Hochsee-Fischereifahrzeuge. Schiffbau Nr. 38/39, 1921, besprochen in den Mitteilungen des Deutschen Seefischerei-Vereins, 1921, S. 235.

bedeuten würde, soll hier nur berichtend erwähnt werden. Welche Gründe die Fischereigesellschaften zum Festhalten an den Fischdampfern bestimmen, ist nicht ersichtlich, jedenfalls aber ist die Zeit gekommen, daß dieser Frage ernste Beachtung geschenkt wird.

---

5. Der Seefischhandel.

Voraussetzung für eine gesunde Entwicklung der Seefischerei war eine entsprechende Ausgestaltung des Seefischhandels, der ohne weiteres jederzeit in der Lage sein muß, die steigenden Erträge der Seefischerei abzusetzen, um eine Gefährdung der ja sehr leicht verderblichen Ware zu verhindern, jeweils in wenigen Tagen, also einer sehr kurzen Frist. Die somit gestellte Aufgabe war also weder leicht, noch als risikolos anzusprechen. Von einem gut arbeitenden Fischhandel als dem Verbindungsglied zwischen Produzent und Konsument hing aber die Möglichkeit der restlosen Erschließung der sich in volkswirtschaftlicher Hinsicht aus der Seefischerei ergebenden Möglichkeiten ab, die nur dann vorhanden war, wenn der Absatz der eingebrachten Ware nicht nur gesichert, sondern auch gesteigert werden konnte.

Noch bis in die zweite Hälfte des 19. Jahrhunderts hinein waren die Küstenstädte die Hauptabsatzgebiete für die Erträgnisse der Seefischerei. An der Nordsee waren es hauptsächlich Emden, Bremen, Altona und Hamburg, die den größten Teil der eingebrachten frischen Seefische konsumierten und zusammen mit Geestemünde-Bremerhaven den Seefischhandel auf ihre Märkte zogen. Damals wurde gewöhnlich von den Fischerbooten direkt gekauft. Nach und nach bildete sich aus Gründen der Einfachheit und Schnelligkeit bei den Fischern die Gewohnheit heraus, den ganzen Ertrag einer Fischfahrt insgesamt an einen Händler, den sogenannten Reisekäufer [26]), abzugeben, der nicht nach Gewicht oder Stückzahl, sondern

[26]) Vgl. Max Stahmer, Fischhandel und Fischindustrie, S. 88 ff.

in einem Rundpreis zahlte. Auch traten Kommissionäre als Käufer auf, eine Gepflogenheit, die immer mehr in Aufnahme kam. Da der Verkauf der ganzen Ladung an den Reisekäufer natürlich immerhin für beide Teile ein erhebliches Risiko in sich barg, konnte er sich nur da länger halten, wo ein Vertrauensverhältnis zwischen Fischer und Händler bestand; er bot aber immerhin den Vorzug, daß auch größere Mengen leichter um- und abgesetzt werden konnten, ohne daß viel kostbare Zeit verloren ging. Natürlich reichten diese doch noch sehr einfachen Methoden zur Bewältigung größerer und namentlich unregelmäßig einkommender Fischmengen nicht aus; für die stets steigenden Fangmengen, die auf die Märkte kamen, mußten dauernde und neue Absatzmöglichkeiten geschaffen, und diese durch den Handel erschlossen werden. Vor allem aber brauchte der Fischhandel völlig freie Bewegung, freie Konkurrenz und einen Modus des Verkaufes, welcher, der Eigenart der Ware entsprechend, eine sofortige Veräußerung von großen Mengen ermöglichte.

Dies ließ sich nur in ständigen Auktionen erreichen, die nun bei uns nach englischen Vorbildern eingerichtet wurden. Den ersten Schritt auf diesem Wege tat Hamburg im Jahre 1887 mit der Eröffnung der Fischauktion in der St. Pauli-Fischhalle. Im gleichen Jahre folgte dann noch Altona, im folgenden Geestemünde mit seiner städtischen Fischauktionshalle, und einige Jahre später auch Bremerhaven. Der Umsatz auf den Auktionen belief sich 1888 auf 988 000 M., 1898 auf 8 236 000 M., 1908 einschließlich des in diesem Jahre in Cuxhaven eröffneten Auktionsmarktes auf 16 553 000 M. und 1911 auf fast 22 Millionen Mark.

Nach den statistischen Erhebungen sind mehr als fünf Sechstel aller Fischzufuhren aus der Nordsee durch die Auktionen gegangen, wodurch nur etwa der Teil nicht erfaßt sein dürfte, der von der Küstenfischerei für den örtlichen Bedarf der Küstenplätze dort in kleineren Mengen abgesetzt wurde. Praktisch gesprochen ging also der Ertrag der deutschen Hochseefischerei durch die Auktionen an die Verbraucher, seien dies nun Eigenverbraucher, Konserven- und sonstige Fischindustrielle oder Händler. Diese Bedeutung der Auktionen wird verständlich, wenn man bedenkt, welche Schnelligkeit des Verkaufes mit Versteigerungen erreicht werden kann, wie rasch also der Verkäufer zu seinem Gelde und zur Möglichkeit der Wiederaufnahme seiner Arbeit kommt, und in welch kurzer Zeit die so leicht verderbliche Ware schon beim Kleinhändler landet. Nicht außer acht gelassen werden darf hier das Moment der Preisbildung, denn die Auktionen haben doch, wenn auch nicht die starken Schwankungen, die mit dem Handel an leicht verderblichen Waren verbunden sind, ausschalten, so doch eine Stabilisierung der Preise durch die Festsetzung von Marktpreisen schaffen können und dem Handel damit eine sichere Grundlage gegeben.

Mit der Einführung der Fischauktionen waren also die Hauptgefahren, die dem Absatz größerer Mengen entgegenstanden, glücklich beseitigt, und zwar in einer Form, die für die Fischerei wie für den Handel eine glückliche Sicherung bedeutete. Von da an konnte eigentlich erst von der Möglichkeit ungehemmter Entwicklung der Seefischerei gesprochen werden, weil für Unternehmer und Fischer jetzt nicht mehr oder kaum mehr die Gefahr bestand, für ihre Fänge oder für größere Fänge keine Abnehmer zu finden, oder mangels Kenntnis der Marktlage von den Händlern übervorteilt zu werden.

Diese Ausführungen widmen sich hauptsächlich der Nordseefischerei. Für die Ostsee kommen andere Verhältnisse in Betracht. Hier haben die Auktionen so große Bedeutung nicht erlangt. Gewiß finden in den größeren Ostseeplätzen, insbesondere in Kiel, ebenfalls Versteigerungen statt, jedoch gehen diese in der Hauptsache von den Fischern oder deren Beauftragten aus und tragen nicht den amtlichen oder öffentlich-rechtlichen Charakter der Auktionen an der Nordsee, sondern mehr den der Gelegenheit. Der Schwerpunkt des Ostseefischhandels liegt im Gegensatz zur Nordsee mehr bei den Großhändlern, die teils wieder direkt, oder durch ihre Agenten, oder durch Aufkäufer und Kommissionäre kaufen [27]).

Der Seefischhandel an der Ostsee zeigt sich also in einer ähnlichen Form wie die Küstenfischerei an der Nordsee, wo die Fischer in den kleineren Häfen, in denen keine Auktionen stattfinden, ihren Fang an Einkäufer und Kommissionäre versteigern oder verkaufen.

Die Käufer bei den Fischauktionen sind in der Hauptsache Großhändler und die Fischindustriellen des Ortes oder seiner Umgebung. Natürlich sind auch die Kleinkaufleute vertreten, namentlich in den größeren Städten, wo ein größeres und sich schnell abwickelndes Kleingeschäft möglich ist. Der Großhändler versorgt die Kleinhändler oder auch noch die Großhändler an den Binnenplätzen oder die Städte, die im Frieden sehr häufig als Käufer auftraten. Berlin hat in seiner Zentralmarkthalle ebenfalls Fischauktionen eingeführt, die von Berliner Händlern und den Leitern großer Gaststätten als Käufer besucht werden.

Es ist selbstverständlich, daß zwischen den Fischern und Fischereiunternehmern einerseits und den Fischhändlern andererseits viele und enge Beziehungen bestehen. So haben sich in häufigen Fällen Fischereigesellschaften oder Reedereien an den Unternehmungen des Fischhandels beteiligt oder umgekehrt. Ganz besonders da, wo durch Einflußnahme auf den Handel die Seefischerei ihre Interessen zu stützen und zu fördern oder der Handel seine besonderen Zwecke bei den Produzenten durchzusetzen suchte. Namentlich an der Weser, also in Geestemünde und Bremerhaven, wo die Voraussetzungen für eine blühende Seefischerei durch genügende Absatzmöglichkeiten erst geschaffen werden mußten — im Gegensatz zu dem in dieser Hinsicht günstiger gestellten anderen Hauptmarktplatz an der Elbe, Hamburg-Altona — hat schon frühzeitig eine Zusammenarbeit aller am Fischereigewerbe im weitesten Sinne interessierten Kreise, also der Fischer und

[27]) Vgl. Goßner, Ueber die Entwicklung und heutige Organisation des Berliner Fischmarktes in den Staats- und sozialwissenschaftlichen Forschungen, Bd. XIX, Heft 5, S. 45.

Fischereiunternehmen, der Fischhändler und der Fischindustriellen eingesetzt, der wohl in erster Linie der große Aufschwung der Weserhäfen als Fischereiplätze zuzuschreiben sein dürfte, und der sich in der Tatsache ausdrückt, daß die Weserplätze jederzeit über eine doppelt so große Dampffischereiflotte verfügten als Hamburg-Altona. Die Weserplätze konnten sich so zu den deutschen Stapelplätzen für den billigen Massenfisch entwickeln, während die Plätze Hamburg-Altona, die von jeher die Haupteinfuhrplätze für ausländische Fischwaren, mehr die Hauptmärkte für die feineren Fische blieben, deren Bedarf ja im Frieden durch die deutsche Seefischerei nur teilweise gedeckt werden konnte.

Leider verbietet es der Raum, auf Einzelheiten der großen Seefischmärkte einzugehen; hierüber gibt eine ausgezeichnete Darstellung das schon genannte Buch von Stahmer [28]).

Der Großhandel hat in vielen Fällen schon vor dem Kriege auch Kleinverkauf und Postversand betrieben. Jedoch kauft das konsumierende Publikum in der Hauptsache bei den Fischhändlern in den Markthallen, an den Seefischständen auf den Wochenmärkten oder in den Läden der Seefischhändler. Daß letzten Endes der Einzelhandel für die Einführung von neuen Waren und ganz besonders neuen Nahrungsmitteln von ausschlaggebender Bedeutung ist, hat er auch wieder bei den Seefischen bewiesen. Bei dieser Gelegenheit darf auch der großen Fischhandlungen und der Lebensmittelabteilungen in den großstädtischen Warenhäusern nicht vergessen werden, die durch rege Propaganda und großen Einkauf, aber auch durch ihre ansprechende und saubere Einrichtung das Interesse weitester Volkskreise erweckt und oft durch geschickt angezeigte Sonderverkäufe von ganzen Waggonladungen von Massenfischen volkswirtschaftlich immerhin wohltätig gewirkt haben, wenn sie auch natürlich für die kleineren Fischhändler eine gefährliche Konkurrenz bedeuteten. Aber propagandistisch haben diese Großverkäufe eine starke Wirkung ausgeübt, die von den Kleinfischhändlern niemals erreicht werden konnte, eine Reklame, die schließlich den Kleinhändlern selbst auch

[28]) Fischhandel und Fischindustrie, S. 100 ff.

wieder zugute gekommen ist. Von den größeren Städten wurden dann in den Markthallen auch besondere Einrichtungen für den Fischhandel getroffen, die eine sachgemäße Behandlung der Fische ermöglichten. Viele Stadtverwaltungen haben in Friedenszeiten auch direkt ganze Waggonladungen von Seefischen gekauft und sie auf Fischmärkten zu verhältnismäßig billigen Preisen an die Bevölkerung abgegeben, oder sie haben größere Seefischhandlungen veranlaßt, Einzelverkaufsstellen einzurichten und regelmäßige Sendungen zur Versteigerung zu bringen, und hierfür die erforderlichen Hallen und Stände, Einrichtungen und oft auch die Versteigerungsbeamten zur Verfügung gestellt. Jedenfalls aber haben die städtischen Seefischmärkte für die Einführung der Seefische sehr segensreich gewirkt, ganz besonders in den Gegenden, in denen die Seefische unbekannt waren. Auch heute noch spielt die von den Stadtverwaltungen eingeführte Praxis eine Rolle, wenn sie in der Ausführung selbst auch auf die Händlervereinigungen übergegangen ist. So liest man von Zeit zu Zeit an den Berliner Litfaßsäulen die Ankündigung, daß große Fänge von Seefischen nach Berlin unterwegs sind, die zu einem verhältnismäßig billigen Preis abgegeben werden können. Da es sich hierbei meistens um Heringe handelt, so wird ein fetthaltiges und wohlfeiles Nahrungsmittel weiten Bevölkerungskreisen zugeführt.

Die herumziehenden Händler spielen für den Seefischverkauf eigentlich nur in den Küstenstädten eine wichtige Rolle. In den Binnenstädten treten sie wohl auch vereinzelt in den ärmeren Stadtgegenden auf, besonders als Verkäufer von schwer verkäuflicher Ware, für die sie ihre Verkaufsart besonders geeignet macht.

---

6. Der Seefischhandel im Kriege.

Mit der ihm eigenen Anpassungsfähigkeit hatte der Handel, insbesondere der volkswirtschaftlich die größte Rolle spielende Fischgroßhandel sich auf die Kriegszeit eingestellt und auch nach besten Kräften zu einer reibungslosen Lösung des gewiß schwierigen Problems beigetragen. Mit dem dem regulären Handel ganz unerwünschten, aber unvermeidbaren Eindringen fremder und weniger korrekter Elemente in den Fischhandel wurden die Verhältnisse für den Großhandel auch recht schwierig. Die in den vorhergehenden Darlegungen schon berührten Gründe führten dann mit zwingender Notwendigkeit zur Zentralisierung der Fischwirtschaft, die, wenn sie in der Praxis auch erhebliche Mängel gezeigt hat, doch die einzige Form bot, in der sich eine geregelte Wirtschaft überhaupt noch ermöglichen ließ. An die Stelle des Großhandels traten die Zentral-Einkaufs-Gesellschaft mit ihren Einfuhrgesellschaften und die Kriegsfischgesellschaften. Alles, was an Fischen und Seetieren, also Krabben, Muscheln usw. nach Deutschland hereinkam, verfiel der Bewirtschaftung durch diese Organisationen. Als Kontrollorgan fungierte der Reichskommissar für Fischversorgung, nach dessen Anweisungen die Verteilung des vorhandenen Materials auf die einzelnen Gebiete erfolgte. Natürlich wurde auch hier, wie in allen anderen Zweigen der Zwangsbewirtschaftung, auf die vorhandenen Betriebe und Geschäfte zurückgegriffen, so daß die führenden Männer des Handels nicht nur ihre Arbeitskraft, sondern auch ihre Unternehmungen in den Dienst dieser Zentralorganisationen stellen konnten bzw. mußten;

allerdings nun nicht mehr als freie Kaufleute, sondern als Beamte oder Angestellte und in Lohnarbeit. Das gleiche galt für die Fischgroßhändler in den größeren Städten, die von den Gemeinden wieder zur Verteilung der ihnen zugeteilten Frischfische herangezogen wurden.

---

7. Der Heringshandel.

Wenn der Heringshandel hier gesondert, aber im Anschluß an den Handel mit Frischfischen Erörterung findet[29]), so geschieht dies, weil der Hering eigentlich nicht den Frischfischen zugezählt werden kann, da er schon auf der Heimreise an Bord gesalzen wird, also gesalzen an Land kommt. Auch besteht ein sehr erheblicher Unterschied zwischen Frischfisch- und Heringshandel, da bei letzterem bereits die Notwendigkeit des sofortigen Absatzes der großen Haltbarkeit des Herings wegen entfällt.

Der Hering ist von jeher bei uns der bekannteste und für die Volksernährung wichtigste Seefisch gewesen und hat auch heute in der Nachkriegszeit noch seinen Platz behauptet. Die Ausbeute an Heringen übertraf in Friedenszeiten, für alle Länder genommen, bei weitem die aller anderen Seefische, und zwar nicht nur hinsichtlich des Gewichtes, sondern auch nach ihrem Wert. Im Jahre 1908 belief sich beispielsweise die Ziffer des Gesamtfanges der europäischen Länder mit Island auf etwa 950 000 000 kg. Wie schon oben angeführt, beruht die hohe Bedeutung des Herings für die deutsche Volkswirtschaft vor allem auf seinem sehr hohen Fettgehalt und damit hohen Nährwert und seiner Billigkeit, infolge seines massenweisen Vorkommens, sowie seiner vielseitigen Verwendbarkeit für jeden Geschmack und Tisch. So hat sich der Hering im Laufe der Jahrhunderte als vorzüglichster Seefisch bei uns eingebürgert. Kein anderes Land der Erde verbraucht im

[29]) Vgl. hierzu Dr. Hans Goldschmidt, Die deutsche Seefischerei, § 31, S. 103 ff. und Stahmer, a. a. O. S. 166 ff.

Verhältnis entsprechend große Mengen wie Deutschland. Dabei hat im Frieden die deutsche Heringsfischerei noch nicht einmal 15 v. H. des deutschen Gesamtkonsums gedeckt, — alles andere wurde vom Auslande bei uns eingeführt.

Der Hering, der in den nordeuropäischen Meeren sein Hauptverbreitungsgebiet besitzt, tritt in großen Schwärmen, Heringszügen, auf. Die Schwärme erscheinen in manchen Gegenden regelmäßig, in anderen, so z. B. an der schwedischen Küste, mehr periodisch.

Schon seit dem frühen Mittelalter ist der Heringsfang eine Quelle des Wohlstandes für verschiedene Nationen gewesen, so für Holland, das schon im 11. und 12. Jahrhundert einen bedeutenden Heringshandel nach den deutschen Ländern betrieb und ebenso für Schweden, dessen Schonenfischerei Ende des 12. Jahrhunderts einsetzte und zu außerordentlicher Blüte gelangte [30]). Später dann, im 16. Jahrhundert, als die Schonenfischerei zufolge des Ausbleibens der Heringsschwärme ganz zurückging, kam das Heringsgeschäft in die Hände der unternehmenden Holländer, denen es reichen finanziellen Erfolg brachte. In der Jahrhunderte Lauf hat dann die englische und die schottische Konkurrenz und die wiederauflebende Schonenfischerei der holländischen Heringsfängerei viel Abbruch getan, ja sie teilweise verdrängt; auch entwickelte sich die norwegische Heringsfischerei dank außerordentlich großer Heringsschwärme, die an den norwegischen Küsten in den Fjorden abgesperrt und so für lange Zeit lebend erhalten werden konnten, sehr schnell. Aber auch heute noch nimmt die englische und schottische Fischerei die erste Stellung im Heringsfang ein.

Wie bereits gelegentlich der Betrachtungen über die Lage der deutschen Seefischerei ausgeführt worden ist [31]), betreiben wohl ungefähr die Hälfte der größeren Fischereigesellschaften ausschließlich die Groß-Heringsfischerei; ein Teil der anderen Unternehmungen beschäftigt sich zugleich mit Frischfisch- und Heringsfang, und nur wenige der Großfischereiunternehmun-

---

30) Vgl. Stahmer, a. a. O. S. 190 ff.

31) Seite 29, 30.

gen widmen sich ausschließlich und allein dem Frischfischfange. Es wurde auch schon vorher darauf hingewiesen, daß die Heringsfischereigesellschaften ihren Friedensgewinnen nach eigentlich am besten gearbeitet haben, jedenfalls besser, als die sich nur mit dem Frischfischfang beschäftigenden Unternehmungen. Die Beliebtheit des Herings und in der Nachkriegszeit die Notwendigkeit, Ersatz für die frühere ausländische Einfuhr zu schaffen, zusammen mit der bei steigender Not größer werdenden Nachfrage, haben jedenfalls befruchtend auf die deutsche Heringsfischerei und die deutsche Hering verarbeitende Fischindustrie gewirkt.

Die deutschen Salzheringe — nur die holländische Heringsfischerei arbeitet in der gleichen Weise wie die deutsche und produziert ebenfalls Salzheringe, was sich dadurch erklärt, daß die Holländer unsere Lehrmeister im Heringsfang gewesen sind — werden schon an Bord gesalzen und in Tonnen verpackt (Seepackung). Durch das Salzen an Bord sofort nach dem Fange wird natürlich die Qualität und Haltbarkeit der Ware günstig beeinflußt. An Land werden dann erst die Seepackungen umgepackt oder aufgefüllt.

Hauptabnehmer für die deutschen Salzheringe sind die Großhändler. Verkäufer sind die Heringsfischereigesellschaften selber. Die Hauptmärkte für den Salzheringshandel sind Hamburg, Stettin, Danzig, Königsberg und Bremen, sowie Lübeck und Memel. 1910 wurden in den erstgenannten vier Hauptplätzen etwa zwei Millionen Faß umgesetzt, an welcher Zahl Stettin mit mehr als einem Drittel beteiligt war.

Es würde hier zu weit führen, die verschiedenen Arten der Heringe, die in den Handel kommen, eingehend zu schildern. Interessieren dürften aber einige Zahlen: An Salzheringen wurden 1911 insgesamt in Deutschland verbraucht 1 502 466 Faß, von welchen 319 861 Faß deutscher Herkunft waren [32]). In den vorhergehenden Jahren war der Konsum größer, in den nachfolgenden Friedensjahren nahm er ab, und zwar zufolge des mit dem wirtschaftlichen Aufschwung größer werdenden Wohlstandes.

---

[32]) Vgl. Stahmer a. a. O., S. 207.

In der Kriegszeit wurde, der Eigenart des Herings gegenüber dem frischen Seefische entsprechend, die Bewirtschaftung des Herings zuerst in die Wege geleitet, besonders, da er als eines unserer hauptsächlichen Volksnahrungsmittel angesprochen werden konnte. Die Salzheringe, die dank ihrer Haltbarkeit der Zwangsbewirtschaftung am wenigsten Schwierigkeiten bereiteten, wurden dann in der Kriegsbewirtschaftung zuerst zentralisiert, d. h. es wurde der freie Handel, der ja, wie schon ausgeführt, im Kriege die unerfreulichsten Erscheinungen und Preistreibereien gezeitigt hatte, ausgeschaltet [38]). Die Bestände an Salzheringen wurden beschlagnahmt und damit allen anderen, wie den von der Zentral-Einkaufsgesellschaft zugelassenen Unternehmen, mit denen sie Importverträge abgeschlossen hatte, die Möglichkeit des Handels mit Salzheringen genommen.

Im allgemeinen kann hier, was die Kriegszeit anbetrifft, auf das bereits über die deutsche Seefischerei im Kriege Gesagte verwiesen werden.

Lange nach dem Friedensschluß, erst am 15. September 1920, wurde die Salzheringseinfuhr freigegeben. Der freie Handel hatte nun in den folgenden Monaten den Beweis für die immer wieder ins Feld geführte Behauptung zu erbringen, daß er in der Tat nicht nur imstande sei, sondern besser imstande ist, als der bürokratisch arbeitende Verwaltungsbetrieb der Kriegsgesellschaften, die Bedürfnisse der Allgemeinheit zu befriedigen. Ohne eines parteiischen Urteils geziehen werden zu können, darf man wohl sagen, daß dies trotz des ungünstigen Zeitpunktes der Freigabe befriedigend gelungen ist. Die vorhandenen Bestände aus den vorhergehenden Jahren und die Freigabe der Einfuhr wie des Handels wirkten natürlich auf den Absatz fördernd, aber auf die deutschen Preise drückend. Auch hatte der Handel, wie auch das Reich, aus den alten, minderwertigen Beständen große Verluste. Jedoch kamen dann große Massen englischer Waren auf den Markt, die von den Engländern weit unter Preis verkauft und vom deutschen Konsum gern und schnell aufgenommen wur-

[38]) Dr. Rogowsky, a. a. O., S. 19.

den. Auch für die holländische Ware, die ebenso wie die englische, der deutschen Lagerware an Güte überlegen war, zeigte sich großes Interesse. Erst nach völligem Verbrauch dieser immerhin großen Mengen fand die alte Lagerware Absatz, auch schon wegen des raschen Niederganges der Mark und der damit verbundenen Unmöglichkeit des Bezuges vom Ausland. Im Laufe des Jahres 1921 vergrößerte sich dann der Absatz ständig, wohl in Anbetracht des Wiederaufblühens des Marinadegeschäftes. Auch das Geschäft in Matjes-Heringen belebte sich wieder und entwickelte sich befriedigend, wobei Hamburg-Altona seine führende Stellung voll behaupten und noch ausbauen konnte.

Freilich brachte der stete Rückgang des Wertes der Mark eine Abnahme des Heringskonsums, oder richtiger gesagt, er unterband die Erweiterung und Vergrößerung des Konsums, mit welcher eigentlich hätte gerechnet werden müssen.

Im ganzen genommen waren die Ergebnisse der großen deutschen Heringsfischereigesellschaften befriedigende zu nennen, ganz besonders, wenn man den Niedergang der Heringsfischerei in den Nachbarstaaten, die früher die Hauptlieferanten von Deutschland waren, in Betracht zieht. Denn in Holland ist, hauptsächlich durch den Ausfall seines heute zahlungsunfähigen alten Hauptkunden der Ertrag der Heringsfischerei von 897 296 Faß im Jahre 1919 auf 303 513 Faß im Jahre 1921 zurückgegangen. Die Verhältnisse in der deutschen Heringsfischerei liegen demgegenüber weit günstiger. Die 11 größeren Heringsfischereigesellschaften hatten insgesamt 160 Fahrzeuge im Jahre 1921 gegenüber 135 im vorhergegangenen Jahre im Betrieb. Darunter befanden sich 2 Dampfer, 50 Dampflogger und 14 Motorlogger. Allerdings war die 1921er Ausbeute etwas geringer wie die von 1920: sie betrug etwa 120 000 Faß gegen 145 000 Faß. Als besonders fördernd wird in Fachkreisen die von den Heringsfischereien in Bremen ins Leben gerufene Verkaufsorganisation, die mit von Fall zu Fall festgesetzten Preisen arbeitet und schöne Erfolge aufweisen kann, angesehen.

8. Die Preise für Seefische.

Anläßlich der Besprechung des Wertes der Seefische als Nährmittel ist auch eine Relation der Preise zwischen Fleisch und Fisch aufgestellt worden, die den nach dem Nährwert des Fisches berechneten Wertmesser, der natürlich vom Verkaufspreise abweichen kann, ergibt. Es ist ebenfalls darauf hingewiesen worden, daß der Preis der Fische im Frieden erheblich unter dieser nach dem Nährwert errechneten Preisgrenze blieb, also solche immer als billiges Nahrungsmittel anzusprechen sind.

Nun sind bei der Preisbildung der Seefische aber noch andere Momente, als nur Angebot und Nachfrage allein, ausschlaggebend. Vor allem wirkt die leichte Verderblichkeit und der dadurch bedingte Zwang zur schnellsten Veräußerung auf die Preisbildung ein, ebenso, wie das ungleichmäßige Angebot auf den Zentralmärkten, das im Zusammenhang mit den Anfuhren steht. Auch die immer noch vorhandene Abneigung gegen den Seefisch — seines Geruches oder seiner vermeintlichen Minderwertigkeit dem Fleisch gegenüber — spielt eine Rolle, die auf die Preisbildung einwirkt.

Das Angebot selbst hängt immer von der Anfuhr der Seefischereiflotte ab. Im Frieden war die Einfuhr von Seefischen aus dem Auslande, insbesondere von feineren Sorten und von Heringen, immerhin eine so bedeutende, daß in der Preisbildung mit ihr als einem nicht zu übersehenden Faktor gerechnet werden mußte. Die ausländischen, so die englischen und holländischen Marktpreise, übten daher bei uns einen fühlbaren Einfluß auf unsere Fischpreise aus. Dies hat sich mit der stetigen Verschlechterung unserer Wirtschaftslage und zunehmenden Verarmung, die sich in der zurückgehenden Markbewertung ausdrückt, grundlegend geändert. Mit der Unmöglichkeit der Bezahlung in ausländischem Gelde hat sich um uns eine Fessel gelegt, die schärfer und sicherer jede Einfuhr unterbindet, wie der höchste Zollsatz. Und es dürfte wohl ein Irrglauben sein, wenn man annimmt, daß mit der Schaffung eines wertbeständigen deutschen Zahlungsmittels nun wieder die Einfuhr uns, wie früher der deutschen Seefischerei und Fischindustrie, schwere Konkurrenz machen würde. Nein, wir sind mit wertbeständiger Währung oder mit der Papiermark doch so arm, daß wir nur das aus dem Auslande beziehen können und dürfen, was unsere Wirtschaft unbedingt benötigt, und was so wohlfeil ist, daß die deutsche Wirtschaft davon einen Vorteil erzielt. Eine Einfuhr von Fischen wird — ganz ohne Rücksicht auf Zollverhältnisse — also nur da in Frage kommen können, wo sie der deutschen Fischerei keine Konkurrenz macht und billigere oder wertvollere Stoffe bringt als die, welche vorhanden sind, wenn sie also solche Stoffe einführt, die nicht vorhanden sind, die aber unbedingt benötigt werden.

Natürlich läßt sich der Ertrag der Seefischerei und der ihr verwandten Gewerbe, also der Fischkonserven- und der Abfallindustrie, schwer von heute auf morgen beliebig steigern, was insoweit wünschenswert wäre, als dadurch wenigstens der ganze deutsche Bedarf gedeckt werden könnte oder noch besser, auch noch Teile des verarbeiteten Materiales nach dem Auslande ausgeführt werden könnten. Dafür bietet die heutige Zeit mit ihrer ungeheuren Kapitalanspannung und Kapitalknappheit zu große Schwierigkeiten. Diese Fragen werden noch eingehender zu prüfen sein.

Um nochmals auf die Friedenszeit zurückzugreifen, soll kurz angeführt werden, daß das Regulieren des Angebotes auf den Märkten, welches bei den meisten großen Artikeln mit Marktcharakter zur Stabilisierung der Preise angewendet wird, bei den Seefischen versagt. Die Zufuhren lassen sich nun einmal weder zeitlich noch quantitativ und qualitativ vorausbestimmen, geschweige denn voraus nach Wunsch und

Zweckmäßigkeit anordnen und verteilen. Es kann wohl einmal ein auf der Heimfahrt begriffenes Fahrzeug mit seinem Fang nach einem anderen Hafen geleitet werden, um den Heimathafen und Markt zu entlasten und dort die Ladung zu löschen, wo die Konjunktur günstiger scheint und bessere Preise verspricht. Aber schließlich sind das doch nur kleine Ausgleichsmittel, die einen dauernden Einfluß auf die Beschickung der Märkte nicht gewährleisten. Die Unstetheit der Märkte, die mit ihren Preisen von einer Stunde auf die andere wechseln können, besteht im großen und ganzen auch heute.

Der Faktor der Nachfrage ist auch in Friedenszeiten in der Preisbestimmung für Seefische ein schwankender gewesen. Er ist abhängig von der Gegend, von der Jahreszeit, namentlich den Fastenzeiten in den katholischen Ländern; von Art und Beschaffenheit der auf den Markt kommenden Fische, besonders aber von der Tatsache, ob das Angebot günstig ist oder nicht.

In Friedenszeiten bestand zwischen den Fischereiunternehmen der größeren Plätze eine Vereinbarung, daß Fische unter 3 Pfennig das Pfund nicht dem Verbrauch zugeführt werden sollten. Diese billigen Sorten wurden meist an die Fischabfallindustrie abgegeben, insbesondere an die Fischmehlfabriken.

Grundlegend für die Festlegung des Preises seitens der Produzenten waren Produktions- und Absatzkosten, also die der Seefischerei direkt und indirekt entstehenden Kosten. Dazu gehören also auch Versendungs- und Versteigerungsgebühren, Verpackung u. a. und die verhältnismäßig hohe Risikoprämie für den Verderb. Infolge des Verkaufes der Hauptmengen durch die Auktionen waren die Produzenten aber für die Preisfestsetzung nur bis zu einem gewissen Grade bestimmend. Auch heute, wo an sich der Produzent eher in der Lage wäre, für ihn günstige Konjunkturen auszunutzen, — und die Verhältnisse liegen für die Seefischereiunternehmer heute günstiger denn je, was Nachfrage und Absatz anbetrifft, üben die Auktionen einen heilsamen Einfluß auf die Preisbildung für Seefische und damit auch auf die Preise für die Erzeugnisse der Fischindustrie aus. Ein Blick in die Zeitungen, auf die Speisekarten der Gaststätten, auf die Preistafeln der Fischhändler zeigt, daß der Seefisch in allen seinen Formen heute ein wohlfeiles Nahrungsmittel ist, das für die Allgemeinheit immer noch innerhalb der finanziellen Reichweite steht. Bei den so schnell wechselnden Preisen und Werten scheint es zwecklos — ja für die kommende Zeit, die eine wertbeständige Währung bringen muß —, fast gefährlich und verwirrend, hier Zahlen in vergleichender oder registrierender Form zu geben, besonders deshalb, da die Tatsache, die damit bewiesen werden könnte, jedermann bekannt ist. —

---

9. Die Fischindustrie.

Mit dem Worte „Fischindustrie“ verbindet sich allgemein der Begriff „Fischkonserven“ und „Räucherwaren“. Wenn nun unter „Konserven“ nach dem Sprachgebrauche auch nur die in luftdicht verschlossenen Gefäßen (meistens Blechdosen) verpackten und nach bestimmten Verfahren (z. B. Appertsches Verfahren) haltbar gemachten Nahrungsmittel, seien es nun Fleisch, Milch, Obst, Gemüse oder Fische, verstanden werden, so besteht doch kein sachlicher Grund, zu den Konserven im weiteren Sinne nicht auch die getrockneten und geräucherten Fische zu rechnen [34]). Wir verstehen unter Fischkonserven im folgenden also durch Trocknen, Räuchern, Salzen oder Sterilisieren dauerhaft gemachte Fische und Fischwaren.

Weniger bekannt als dieses populäre Arbeitsfeld ist der Allgemeinheit das sich stetig vergrößernde Gebiet der industriellen Verwertung von Fischabfällen und verdorbenen oder unbrauchbaren Fischmengen. Heute besonders, wo uns zunächst der Krieg, sodann die Verarmung unbarmherzig das Sparen gelehrt hat, beansprucht dieses Kapitel größte Aufmerksamkeit, und zwar ganz besonders bei den Zweigen, die uns die Möglichkeit eines Ersatzes von Auslandsrohstoffen geben oder geben sollen.

---

[34]) Ueber Konserven, Konservierungsverfahren, Appertsches Verfahren usw., lese Munk & Uffelmann's, Ernährung des gesunden und kranken Menschen, 1895, S. 135 ff., Dr. C. Winter, Die Fischkonservenindustrie, S. 2 ff. und 25 ff.

a) Die Fischkonservenindustrie.

Als Konservierungsarten für Nahrungsmittel sind altbekannt: das Trocknen, Salzen, Pökeln und Räuchern. Gedörrtes, geräuchertes, gepökeltes und gesalzenes Fleisch spielte von jeher eine wichtige Rolle für die Verproviantierung von Seeschiffen und überseeischen Expeditionen. Die Möglichkeit der Konservierung durch Sterilisation wurde erst Anfang des 19. Jahrhunderts durch den Küchenmeister des Königs Christian VII. von Dänemark, Appert, gefunden und praktisch in Anwendung gebracht. Dieses, das sogenannte Appertsche Verfahren, ist für die moderne Dauerkonservierungsindustrie grundlegend geworden. Für die ja erst spät in Erscheinung getretene Fischkonservenindustrie[35]) hat es jedoch keine so große Bedeutung erlangt, weil viele Fische oder Seetiere bei Erhitzung auf hohe Temperaturen an Geschmack verlieren und zerfallen, also unansehnlich werden.

Im folgenden soll kurz auf die Konservierungsverfahren eingegangen werden, soweit dies zum Verständnis der Materie notwendig ist. Alle nicht mehr lebenden animalischen und vegetabilischen Körper fallen sehr schnell der fauligen Zersetzung und dem Verfall anheim. Durch die Konservierungsverfahren soll nun diese Zersetzung und mit ihr der Verfall dieser Körper für kürzere oder längere Dauer verhindert, und diese gleichzeitig in einem genußfähigen Zustande erhalten werden. Natürlich ist eine Konservierung für die Dauer auch nur immer ein relativer Begriff. Verursacht wird die Zersetzung durch bestimmte Keime, Lebewesen, deren Entwicklung an bestimmte Bedingungen, insbesondere an das Vorhandensein von Luft (Sauerstoff), Wasser und an bestimmte, meist gemäßigte Temperaturen geknüpft ist. Verhindert man den Eintritt dieser Bedingungen, sei es durch Luftabschluß, z. B. in luftdichten Büchsen, Entziehung des Wassers, so z. B. Trocknen, Salzen oder dergl., oder durch eine Kombination beider, dann wird die Entwicklung der Keime zeitlich unterbunden, das heißt also, daß der Körper für diese Zeit dauerhaft

[35]) Vergl. die Abhandlung von Dr. C. Winter und Stahmer, Fischhandel und Fischindustrie, S. 237 ff.

wird. Das gleiche Ergebnis läßt sich auch mittels Abtöten der Keime durch Antiseptica, z. B. durch Zusetzen von Borsäure [36]), Salicylsäure, Salpeter, Salzlake oder durch Abkochen, also Hitze, Sterilisieren genannt, auch durch Kälte erreichen. Für die Fischindustrie von besonderer Wichtigkeit ist noch die Konservierungsmethode des sogenannten Marinierens, worunter das Einlegen von, sei es gekochten, gebratenen oder in Essig- oder Salzpökel gargemachten, Fischwaren in Essig und Salz unter Zusatz von anderen Würzstoffen zu verstehen ist.

Eines der einfachsten und natürlichsten Verfahren zur Konservierung ist die Anwendung von Kälte. Die Kaltlagerung oder Verwendung von Eis benötigt keine chemischen Stoffe, die das zu konservierende Material im Geschmack, Geruch oder Aussehen verändern oder beeinträchtigen. Bei diesem Verfahren bleibt auch die ursprüngliche Form erhalten. Die Kälte als Konservierungsverfahren wird in der Seefischerei in reichstem Maße angewendet, insbesondere beim Transport von frischen Seefischen. Auf Veranlassung der Zentraleinkaufsgesellschaft sind während des Krieges eingehende Erhebungen über die Verwendbarkeit des Kältekonservierungsverfahrens für die Herstellung von Fischkonserven angestellt worden [37]).

Die sehr interessanten Ergebnisse des Vergleiches verschiedener Gefrierverfahren bei Fischen sind von Prof. Dr. Plank und Prof. Dr. Ehrenbaum in den Abhandlungen zur Volksernährung [38]) niedergelegt worden. Hier sei nur der kurze Hinweis auf das Ottesensche Gefrierverfahren, das sich als das beste Verfahren erwies, gestattet. A. Ottesen, ein dänischer Fischexporteur, der Erfinder dieses 1913 patentierten Verfahrens, erzielt das Gefrieren von Lebensmitteln durch Eintauchen in tiefgekühlte Salzlösungen, wobei die Lösungen

[36]) Borsäure wird besonders zur Konservierung der Krabben verwendet. Nach einem vor kurzer Zeit gefaßten Beschlusse des Gesundheitskongresses in Hull sollen nur Salz und Borsäure bis zu 20% zur Konservierung von Fischen verwendet werden.

[37]) Vgl. Abhandlungen zur Volksernährung, herausgegeben von der Zentraleinkaufsges. Heft 5.

[38]) 1916, Heft 5.

vollständig indifferente Leiter der Kälte bleiben, d. h. die eingetauchten Stücke also selbst kein Salz aufnehmen. Dazu wählt Ottesen die Salzlösung in einer solchen Konzentration, daß sich die Lösung jeweils gerade auf dem Gefrierpunkt befindet und dabei reines Eis abscheidet, und bedient sich dafür eines besonders gebauten Apparates. — Im allgemeinen geht die Auffassung der Fachleute dahin, daß Waren, die das Gefrieren vertragen, sich in gefrorenem Zustande unbegrenzt halten. Bei gefrorenen Fischen hat Drooglever Fortuyn [39]) festgestellt, daß im Gegensatz zum gefrorenen Fleisch das Gefrieren auch eine konservierende Wirkung über die Zeit des gefrorenen Zustandes hinaus ausübt, deren Folgen noch mindestens eine Woche nach dem Auftauen fortbestehen. Diese Tatsache ist natürlich für die Anwendbarkeit des Gefrierverfahrens bei Fischen von größter Bedeutung, da die Ware ja in den meisten Fällen nach dem Auftauen noch nicht gleich zum Konsum kommt. Jedenfalls haben diese Versuche auch in geschmacklicher Hinsicht befriedigt, d. h. die Fische haben durch das Gefrieren nicht wesentliche Geschmacksveränderungen erlitten und in ihrer Beschaffenheit und Verdaulichkeit keine Beeinträchtigungen erfahren, sondern erscheinen sogar häufig in dieser Hinsicht verbessert [40]).

Durch Salzen bzw. Pökeln, d. h. Einlegen in starke Salzlauge, werden insbesondere der Hering haltbar gemacht, dann der Kabeljau, in gesalzenem Zustande Laberdan genannt, der ebenso wie der Hering schon an Bord der Fischerfahrzeuge mit Salz behandelt und gleich in Tonnen verpackt wird. Sie werden an Land allerdings noch einmal umgepackt oder nachgepackt. Weiter wird durch Salzen und Trocknen von Schellfisch der gesalzene Stockfisch hergestellt, und ferner werden Makrelen, Sardellen und Kaviar ebenfalls durch Salzen konserviert. Das Salzen beruht auf einer teilweisen Wasserentziehung mit Imprägnierung von Salz, welches die Fäulnis verhindert.

Getrocknet wird vor allem der Kabeljau, dann Stock-

---

[39]) Vgl. Plank, Ehrenbaum, Reuter, a. a. O., S. 151.

[40]) Vgl. J. Roland, Unsere Lebensmittel, ihr Wesen, ihre Veränderung und Konservierung, S. 198 f.

fisch oder Klippfisch genannt. Die Konservierung des Stockfisches wurde bei uns erst anfangs dieses Jahrhunderts aufgenommen, und zwar nach für die besonderen Verhältnisse passenden Verfahren; bisher wurde sie auf Island, den Lofoten und in Norwegen dergestalt geübt, daß die ausgeweideten und gewaschenen Kabeljaus an der Sonne solange getrocknet werden, bis sie völlig ausgedörrt sind.

Geräuchert, d. h. teilweise vom Wassergehalt befreit und mit den im Rauch enthaltenen konservierenden Stoffen imprägniert werden Schellfische, Sprotten, Heringe, Kabeljau, Aal, Lachs, Stör, Makrelen, Haifische, Katfisch, Lengfisch, Maifisch. Die frischen Fische werden entschuppt ausgeweidet und gewaschen, auf Gestelle gehängt und so in Räucheröfen geräuchert, bis sie gargemacht sind. Dann werden sie nochmals für kürzere Zeit einem intensiven Hartholzrauch ausgesetzt, der dem Fisch die goldgelbe Farbe geben soll [41]).

Die Räucherei wurde an der Ostsee von altersher als Gewerbe betrieben, ganz besonders an den Plätzen, wo genügender Absatz für die Frischfische fehlte. Auch wurden häufig neben den Räucherwaren Bratfische und Marinaden hergestellt, je nachdem sie eine bessere Ausnutzung des Fischmaterials und des Absatzgebietes zuließen. Auch für die Marinaden bietet in der Hauptsache der Hering das Material. Die daraus gewonnenen Produkte sind allgemein bekannt, am meisten wohl der Bismarckhering, aber auch die beliebten Delikateßheringe, Rollmöpse usw. Von den verschiedensten Fischsorten werden ferner Geleekonserven hergestellt, die wieder Marinaden aus gekochten Fischen in einer gewürzhaltigen Gelatinesauce darstellen und auch große Beliebtheit erlangt haben. Aehnlich werden Bratfische durch Zugabe von Essig und Gewürz in luftdichten Dosen und Büchsen in den Handel gebracht, und zwar als Bratheringe, Fischkoteletten, Bratschellfisch u. a. m..

Von wachsender Bedeutung ist ferner die Industrie der sogenannten Fischdelikatessen, welche Sprotten, Heringe und Breitlinge zu Anchovis und Appetitsild verarbeitet. Sie stellt

---

[41]) Vgl. Winter, a. a. O., S. 28.

auch die deutsche Sardine in einem ziemlich komplizierten Verfahren aus kleinen Heringen oder Sprotten her. Allerdings kann sich die deutsche Sardine nicht mit der französischen an Güte und Fettgehalt messen, jedoch dient sie immerhin zur Bereicherung unseres Küchenzettels.

Einer Erwähnung bedarf auch noch unsere, schon erwähnte Klippfischfabrikation. Im Sommer kommt es bei den Massenfängen sehr häufig vor, daß die Fischmärkte die angebrachten Massen nicht aufzunehmen vermögen. Diese Mengen werden, wenn sie von guter Beschaffenheit sind, zum Teil zu Klippfisch verarbeitet, eine Verarbeitungsart, die erst seit etwa 15 Jahren bei uns aufgekommen ist. Bis dahin war die Klippfischfabrikation eine Spezialität Norwegens. Die Fische wurden ausgeweidet, gesalzen und auf den Klippen an der Luft getrocknet. Dann wurden sie in Bündel gepreßt und in den Handel gebracht. Natürlich waren die Voraussetzungen bei uns schon infolge der feuchteren Luft für die Anwendbarkeit dieses einfachen Verfahrens nicht gegeben. Jedoch wurde an Stelle der natürlichen Trocknung die künstliche in Kammern mit warmer Luft eingeführt, die sich sehr gut bewährt hat. Zu nennen sind als Herstellerin von deutschen Klippfischen insbesondere die Ersten deutschen Stock- und Klippfischwerke in Geestemünde.

Ein weiterer Zweig der Fischindustrie, der heute Bedeutung erlangt hat, ist die Krabben-Konserven-Fabrikation. Die hierfür angewendeten Konservierungsverfahren sind Gegenstand heftiger Kämpfe zwischen den interessierten Parteien, zu denen nicht zuletzt auch die Konsumenten gehören, gewesen. Der Grund hierfür liegt in der Verwendung von Borsäure zur Konservierung, über deren Zulässigkeit internationale Vereinbarungen getroffen werden sollen [42]).

Ueber die allgemein und besonders heute interessierende Frage der Haltbarkeit der deutschen Fischkonserven soll folgendes gesagt werden. Die sterilisierten Konserven, wie Sardinen in Oel, Hummer in Dosen, Krabben in Büchsen usw., sind für eine längere Dauer berechnet. Die sogenannten

---

[42]) Vgl. Anmerkung Seite 63.

Fischkonserven dagegen, also alle marinierten, gebratenen oder gekochten Fische, soweit sie nicht sterilisiert sind, haben nur eine beschränkte Haltbarkeit, die natürlich mit den Aufbewahrungsumständen, der Jahreszeit usw. wechselt. Jedenfalls also bedarf die im Volke allgemein verbreitete Auffassung, daß man Fischkonserven monatelang aufbewahren könne, der Berichtigung, nicht nur aus gesundheitlichen Gründen, sondern auch aus wirtschaftlichen Erwägungen.

Ueber die wirtschaftliche Bedeutung der Fischkonservenindustrie wäre kurz zu sagen:

Die Fischkonservenindustrie bringt nicht nur eine Menge von Fischmaterial in den verschiedenartigsten Formen auf den Markt, wodurch sie anreizend wirkt und neue Käufer sowie Anhänger der Fischnahrung schafft, sondern sie gleicht auch das vorhandene Material und den jeweiligen Bedarf aus. Zu manchen Zeiten sind die auf den Markt kommenden Mengen so beträchtlich, daß sie die Nachfrage nach Frischfischen weit übersteigen. Diese überschüssigen Quantitäten finden dann in der Hauptsache in der Konservenindustrie Verwendung. Aber auch zum Frischverkauf wenig geeignete Sorten führt die Konservenindustrie dem Verbrauch zu, nachdem sie diese durch eine entsprechende Verarbeitung genußfähig und ansprechend gemacht hat.

Die wirtschaftliche Bedeutung der Fischindustrie, soweit sie sich mit der Herstellung von zum Genuß geeigneten Fischwaren befaßt, liegt also ohne weiteres klar. Je leistungsfähiger die Fischkonservenindustrie ist, desto sicherer kann sie die Produkte der Seefischerei nicht nur nach Menge, sondern auch nach Art verwenden und in wirklich wirtschaftlicher Weise verwerten. In den Jahren 1910 und 1911 angestellte Erhebungen ergaben, daß der Wert der Jahresproduktion der deutschen Fischkonserven-Industrie auf etwa 75 Millionen geschätzt werden konnte [43]). Hierbei ist zu berücksichtigen, daß im Jahre 1911 die deutsche Seefischerei gar nicht in der Lage

---

[43]) Vgl. hierzu Stahmer, a. a. O., S. 243, Winter, a. a. O., S. 35, v. Reitzenstein, Die Fischkonservenindustrie in Altona a. E., Sonderabdruck aus der Deutschen Fischereizeitung, 1910, W. 30, S. 4 ff.

war, der Fischkonservenindustrie auch nur annähernd genügendes Rohmaterial zu liefern. Trotzdem vermochte die deutsche Erzeugung den deutschen Bedarf an Konserven im Frieden nicht zu decken, so daß auch hier für eine verhältnismäßig große Einfuhr, 1909 z. B. fast 100 000 DZ im Werte von fast 20 Millionen Mark, beträchtliche Mittel nach dem Auslande flossen. Die Ausfuhr der deutschen Fischkonservenprodukte in den gleichen Jahren war unbedeutend.

Im Frieden wurde die Zahl der einigermaßen bedeutenderen Fischindustrie-Betriebe auf etwa 600 bis 700 beziffert. Hauptplätze für die Fischkonservenindustrie und den Konservenhandel waren Hamburg, Altona, Geestemünde-Bremerhaven, Cuxhaven, Bremen, Emden und an der Ostsee Lübeck, Schlutup, Stettin, Kiel, Danzig und Königsberg i. Pr. Die Fischkonservenindustrie ist, wie schon ausgeführt, noch recht jung und erlangte erst um das Jahr 1910 größere Bedeutung. Die Unternehmungsformen sind auch hier insbesondere die Aktiengesellschaft und die Gesellschaft mit beschränkter Haftung, oft in enger Verbindung mit den Handels- und Fischereiunternehmungen und der Fischabfallverwertungs-Industrie.

---

b) Die Fischabfallverwertung.

Von den eingebrachten Seefischmengen ist schon ein immerhin erheblicher Teil für Ernährungszwecke ungeeignet. Zu diesen Abfallmengen, die meistens aus verdorbenen, also unverkäuflichen, aber ganzen Fischen bestehen, kommen die sich beim Verkauf der Fische ergebenden Abfälle, also die Köpfe der größeren Fische, die ohne Kopf verkauft werden und die recht beträchtlichen Abfälle der Konservenindustrie, also Köpfe, Gräten, Schwanz, Schuppen und Eingeweide und dann noch der Fischrogen. Stahmer beziffert die Abfallmenge auf etwa ein Drittel des Fischbruttogewichtes [44]); es sind also große Mengen, deren Verwertung in irgendeiner Weise immerhin ins Gewicht fällt.

Weiter kommt auch noch der sogenannte Nebenfang in Betracht, das ist das, was beim Fischen mit dem Netz, insbesondere dem Schleppnetz, an Meertieren neben den Speisefischen mit heraufgebracht wird, z. B. Seesterne, Haie, Flatterrochen, Plattfische, Eierklumpen von Schnecken, Krebstiere, Muscheln, Würmer und Polypen. Diese Mengen wanderten ursprünglich mit den beschädigten und minderwertigen Speisefischen kurzerhand wieder über Bord, ohne daß sie irgendwie nutzbar gemacht wurden. Schon bald nach der Inbetriebsetzung der ersten Fischdampfer wurde das Problem der wirtschaftlichen Nutzung dieses Nebenfanges erörtert und durch Versuchsarbeiten behandelt. Beobachtungsreisen von Sachverständigen führten zu praktischen Vorschlägen, wie den des Prof. Dr. Curt Weigelt [45]).

Die oben beschriebenen reinen Fischabfallprodukte wur-

---

[44]) Vgl. Stahmer, a. a. O., S. 320.

[45]) In seiner Abhandlung „Die Abfälle der Seefischerei", Berlin, 1891. W. Moeser, Hofbuchhandlung.

den früher nicht industriell weiter verarbeitet, sondern von der Landwirtschaft als Düngemittel und Viehfutter verwendet. Mit dem Aufschwung der deutschen Seefischerei und der Steigerung ihrer Erträgnisse setzte jedoch auch eine rationellere Verwendung der immerhin noch sehr Wertvolles enthaltenden Abfallstoffe ein. Zuerst und insbesondere wurden die Fischlebern zur Gewinnung von Tran verwendet. Von der einfachsten Art der Trangewinnung aus Fischlebern durch Fäulnis, bei der sich der spezifisch leichtere Tran an der Oberfläche abscheidet, ging man zu der rationelleren und hygienisch weniger bedenklichen Siederei über, bei welcher der Tran durch Kochen der Fischabfälle gewonnen wird, oder man behandelte die Fischabfälle mit Fettlösungsmitteln, also z. B. Benzin, um den Tran zu gewinnen. Die beim Kochen der Fischlebern übrigbleibenden Rückstände, die sogenannten Lebergraxen, wurden fortgeworfen und der durch Sieden erhaltene Tran durch Klären blank gemacht.

Die moderne Fischleberverarbeitung geschieht in folgender Weise: An Bord der Fischdampfer selbst werden die Lebern sofort nach dem Schlachten der Fische in besonders dafür konstruierten Apparaten mit direktem Dampf ausgelassen. Der so gewonnene Rohtran wird in Tanks gesammelt und an Land weiter verarbeitet. Je frischer die zur Tranbereitung verwendeten Fischlebern sind, desto besser wird der Tran, d. h. der Tran, der sofort nach dem Schlachten der Fische gewonnen wird, ist weißgelb und von weit besserer Qualität, als der nach dem oben zuerst beschriebenen Verfahren erzeugte Tran. An Land wird dann der Tran vom Wasser befreit, gebleicht und falls nötig entstearinisiert. So erhält man fast wasserhellen Tran von bester Beschaffenheit, der auf Medizinaltran umgearbeitet werden kann, wenn die Lebern ausschließlich oder wenigstens in der Hauptsache von Kabeljau und Dorsch stammen.

Die in den an Bord befindlichen Apparaten verbliebenen Rückstände, das sind die sogenannten Graxen, werden in konserviertem Zustand in Fässern mit an Land gebracht und in besonders hierfür vorgesehenen rotierenden Vakuum-Extrakionsapparaten mit Benzin extrahiert. Sie ergeben so ebenfalls einen hellen und qualitativ guten Tran. Ohne Konservierung liefern die Graxen infolge der schnell eintretenden Zersetzung, bei der sich Oxyfettsäuren bilden, nur einen dunklen und minderwertigen Tran.

Auch für die bei der Extraktion der Graxen verbleibenden Rückstände findet sich nach Trocknung noch Verwendung. Sie sind Stickstoffdünger für Weinberge oder als Beimischung zum Fischfuttermehl.

Die Fischmengen, welche für Nährzwecke infolge mangelhafter Beschaffenheit oder zu geringer Größe nicht verwendbar sind, gehen in die Fischmehlfabriken. Dort werden auch die anderen Abfälle, also die Köpfe, Mittelgräten, Schwänze usw. verarbeitet, wobei erst die fettreichen von den fettarmen Fischen geschieden werden. Die fettreichen werden zwecks Entfernung des Tranes zunächst einem Extraktionsverfahren unterworfen, was in stehenden oder rotierenden Vakuumapparaten erfolgt. Die so vom Fett befreiten Fische kommen zur Trocknung in mit Koksgasen geheizte Trockentrommeln, oder sie werden im Autoklaven gekocht und mit Dampfwalzen getrocknet und dann gemahlen. Bei den fettarmen Fischen ist eine Fettextraktion nicht nötig. Aus den bei der Aufschließung im Autoklaven entstehenden Brühen kann wieder Fischleim gewonnen werden. Die Verwendung von Autoklaven liefert ein Fischmehl, welches die Eiweiß- und Pektinsubstanzen noch enthält, das also wertvoller ist, wie das nur mit Trocknung gewonnene Fischmehl.

Das Fischmehl wird in der Hauptsache zur Fütterung von Teichfischen sowie zur Mast von Geflügel, Schweinen als Zusatzviehfutter verwendet. Infolge seines großen Nährwertes wächst der Bedarf an Fischmehl ständig, so daß die deutsche Fischmehlindustrie auch heute noch nicht die deutsche Nachfrage befriedigen kann.

Aus alten, für Futterzwecke ungeeigneten Rückständen aus der Tranfabrikation kann Guano hergestellt werden, der bei steigender Nachfrage stets in der deutschen Wirtschaft guten Absatz findet.

---

c) Neuere Wege der Fischabfallverwertung.

Die infolge des Krieges entstandene Knappheit an Fetten, Oelen, Futtermitteln und Leimstoffen zwingt zur restlosen Erfassung und Verwertung der Fischabfälle in möglichst zweckmäßiger Form. Daß dazu neue Wege gesucht werden müssen, beweist schon die leider viel zu wenig bekannte Tatsache des Verlustes von wertvollen Stoffen in den nicht verarbeiteten Fischabfällen, die heute einfach verloren gehen.

So ist z. B. bei der Trangewinnung mit den üblichen Trankochapparaten, wie sie oben beschrieben ist, die Ausbeute sehr gering, da sich an Bord der Fischdampfer nur eine Auskochung ermöglichen läßt. Die Lebern werden damit aber lediglich bis auf 40—50 Prozent entfettet, so daß ein wertvoller Teil des Fettes mit dem ausgekochten Leberbrei (Rückstand) verloren geht. Dieser Rückstand ist ebenfalls sehr wertvoll, konnte bisher aber nicht konserviert werden, da er infolge seines hohen Wassergehaltes sofort in Gärung überging. Diese sehr großen Mengen wertvollen Materials gingen bislang so gut wie immer über Bord. Um auch ihre Nutzbarmachung zu ermöglichen, ist ein Spezialapparat nach dem Patent der Continentalen Aktiengesellschaft für Chemie in Berlin gebaut worden, der sich sehr gut bewährt hat. Dieser Apparat, der nicht viel Raum erfordert und in der Tranküche jedes Dampfers untergebracht werden kann, gestattet eine Steigerung der Tranerzeugung um 15 Prozent, auf den in den gewöhnlichen Trankochern erzeugten Tran berechnet, und konserviert die Rückstände, so daß diese an Land ihrer Verwertung zugeführt werden können.

Es ist schon vorher gesagt worden, daß der helle und milde, in den Trankochapparaten erzeugte Tran zu Medizinaltran verarbeitet wird. Dies geschieht durch besondere Filtration in Kühlräumen, wobei sich das im Tran enthaltene Stearin ausscheidet. Aber auch zur Margarinefabrikation ist dieser Tran zu verwenden, wenn er zuvor in festes Fett übergeführt wird. Dieser Arbeitsgang, Hydrogenisierung oder Fetthärtung genannt, ist heute so vervollkommnet, daß aus Tran ein schneeweißes und vollkommen geruchloses Fett erzeugt wird, das sich für Speisezwecke sehr gut eignet.

Die Fischlebern, die ungekocht in Fässern mit an Land gebracht werden, befreit man durch zwei- oder dreimaliges Sieden vom Tran. Je nach Auskochung und Einrichtung der Transiederei gewinnt man eine I., II. oder III. Sorte Tran, die hauptsächlich als technischer Tran gehandelt und viel in der Seifenindustrie verwendet werden. Der bei diesem Verfahren sich ergebende Rückstand ist ein wertvolles Produkt, das noch etwa 18—22 Prozent Fett aufweist, welches sich rationell nur durch Extraktion gewinnen läßt. Die Entfettung dieser Rückstände ist aber sehr schwierig, weil sie etwa 50 Prozent Wasser enthalten und eine schlammige Masse darstellen, die vor der Extraktion erst getrocknet werden muß. Zur Trocknung und Extraktion gehören Spezialapparate, insbesondere die rotierenden Extrakteure, bei denen Vortrocknung, Extraktion und Nachtrocknung in ein und demselben Apparat und Arbeitsgang erfolgen kann. Nach erfolgter Trocknung wird durch geeignete Lösemittel, wie Benzin, Benzol, Trichlorätylen usw. das Fett entzogen, das Lösemittel abgedampft und so ein guter, für gewerbliche Zwecke verwendbarer Tran gewonnen. Das verbleibende Lebermehl wird durch Einblasen von Dampf von den Lösungsmittelgasen befreit und fertig getrocknet. Es enthält etwa 67 Prozent Protein und ist ein sehr begehrtes Düngemittel für die Weinberge. Die extrahierten Trane und die Siedetrane III. Sorte und noch minderer Qualität enthalten viel Schmutz und Verunreinigungen und bedürfen deshalb vor ihrer Weiterverarbeitung oder Verwendung einer Reinigung, die vorzugsweise mit verdünnter Schwefelsäure ausgeführt wird. Nach der Reinigung können dann die Trane noch gebleicht werden, so daß sie eine hellere, ansprechendere Farbe bekommen. Vor der Bleichung wird noch eine Waschung in besonders hierfür konstruierten Rührwerkskesseln mit Dampfheizung vorgenommen, in denen das zu veredelnde Produkt auf eine bestimmte Temperatur gebracht und mit verschiedensten Chemikalien behandelt wird. Dann drückt man den Tran durch Filterpressen und befreit ihn so von verschiedenen der verunreinigenden Substanzen.

Die Entfernung übelriechender Beimengungen aus nicht geruchfreien Tranen, die zwecks Erzielung höherer Preise üblich ist, hat lange Zeit besondere Schwierigkeiten bereitet. Neue Verfahren der Continentalen Aktiengesellschaft für Chemie in Berlin, die unter Anwendung bestimmter Temperaturen und Behandlung mit Kohlensäure arbeiten, haben sich ausgezeichnet bewährt. Die für dieses Verfahren besonders gebauten Apparate bestehen aus Kupfer und Schmiedeeisen und ergeben ohne Anwendung von Chemikalien ein dickes Oel, welches hauptsächlich in der Seifen-, Türkisch-Rotöl-, Farben-, Lack- und in der Lederindustrie Verwendung findet und sich als Triglyzerid ganz besonders zur Spaltung eignet. In der Seifenfabrikation werden wie bekannt heute nämlich die verwendeten Oele und Fette einer Spaltung oder Zerlegung unterworfen, um das in den Fetten vorhandene Glyzerin zu gewinnen.

Als Spaltungsverfahren wird in der Praxis der Großbetriebe am häufigsten das Autoklavenverfahren verwendet, das sich durch eine gleichmäßige und exakte Arbeitsweise auszeichnet und deren Chargendauer verhältnismäßig kurz ist. Die damit erzielten Produkte sind von guter Reinheit.

Die Spaltung selbst geht unter Benutzung von Metalloxyden (Kalk, Magnesia, Zink) bei Wasserdampfdruck von etwa 8 Atm. vor sich und dauert ungefähr 8 Stunden. Der Autoklaveninhalt wird dann durch den erzeugten Eigendruck in hochstehende Ausblasetanks gedrückt, wo eine Scheidung der Fettsäuren vom Glyzerinwasser stattfindet. Erwärmt man nun die Fettsäuren und mischt verdünnte Schwefelsäure zu, so scheidet sich die in den Fettsäuren enthaltene Zinkseife aus. Die im Ruhezustande nach erfolgter Zersetzung sich oben abscheidende Oelsäure kommt in die Abfülltanks, um hier nochmals ausgekocht zu werden, damit alle Spuren der Schwefelsäure verschwinden. Die so erzeugte Oelsäure wird in der Seifen- und Textilindustrie sowie in der Wollkämmerei verwendet. Das gewonnene Glyzerinwasser stellt eine milchige, trübe Flüssigkeit dar und spindelt ca. 6—8 ° Bé. Es enthält noch viel gelöste Fettsäuren und eventl. auch Eiweißsubstanzen, muß also vor der Weiterverarbeitung gereinigt werden. Dies geschieht durch Einblasen von Dampf und Aufkochen, wobei die erwähnten Verunreinigungen sich oben als Schaum absetzen und abgeschöpft werden können. Die Kochung wird fortgesetzt, bis das Wasser vollständig klar erscheint. Dieses Glyzerin, eingedampft auf die handelsübliche Konzentration (28 ° Bé) stellt das Rohglyzerin dar, und findet Verwendung zur Füllung von Gasuhren, des äußeren Mantels von Feldküchen, von Bremsvorrichtungen im Eisenbahn- und Bauwesen, sowie bei Geschützen und ähnlichem. Zur Herstellung von Medizinal-Glyzerin muß das Rohglyzerin destilliert und raffiniert werden. Soll Trinitroglyzerin für die Sprengstoffabrikation erzeugt werden, so muß das Rohglyzerin zweimal destilliert und raffiniert werden, weil zur Sprengstofferzeugung nur Glyzerin von höchster Reinheit und höchstem spezifischen Gewicht verwendet werden kann.

Schon aus diesen kurzen Ausführungen ist ersichtlich, wie mangelhaft manche der heute noch üblichen Verfahren auf dem Gebiete der Fischabfallverwertung arbeiten und wie sehr sie der Verbesserung bedürfen, aber auch, mit welchem Erfolg an diesem Problem gearbeitet wird. Alle diese kurz angedeuteten neuen Wege und die dafür erforderlichen Apparaturen sind von der Continentalen Aktiengesellschaft für Chemie in Berlin ausgearbeitet und in die Praxis eingeführt worden, und zwar mit jeweils ausgezeichnetem Erfolg. Aber auch auf dem Spezialgebiet der Verwertung der anderen Fischabfälle, also der Köpfe, Eingeweide und dergl. sind Fortschritte erzielt worden. Auch hier konnte Ausbeute und Arbeitsweise so verbessert werden, daß mit geringster Belästigung der Umgebung durch die bei der Fischabfallverwertung ja sehr störenden Gerüche eine, man kann sagen, vollwertige Ausnutzung des zur Verfügung stehenden Materials stattfindet.

Wie oben schon dargelegt, wird aus den bei der Klippfischherstellung und in der Fischindustrie sich ergebenden Abfällen Fischtran, Fischleim, Fischmehl und Guano hergestellt. Je nach den zur Verfügung stehenden Abfällen und dem Aufstellungsort bestehen die Anlagen aus mit Koks beheizten Feuertrocknern, bei denen die Trocknung direkt durch Feuergase erfolgt. Diese Feuertrockner sind zwar sehr leistungsfähig, sie liefern aber ein Fischmehl von dunkler Farbe und verbreiten durch die abziehenden Dämpfe und Gase einen sehr unangenehmen Geruch, so daß sie in der Nähe bewohnter Gegenden unzulässig sind.

Andere Anlagen verwenden sogenannte Muldentrockner mit Doppelmantel, die mit Dampf geheizt werden. Bei diesen Apparaten werden die Abfälle vorher sterilisiert, also keimfrei gemacht. Das abfließende Fischwasser, das sich hierbei ergibt, enthält etwa 8—12 Prozent Leim, der nach besonderen Verfahren zu Tafelleim oder Extrakt für gewisse industrielle Zwecke verarbeitet wird. Die gedämpften Abfälle kommen zum Trocknen in Mulden, dann zur Zerkleinerung in eine Schlagmühle und dann mittelst Elevator zur Sichtmaschine auf den Trockenboden, um gelagert oder verladen zu werden.

Die Trocknung der gedämpften und zu einem Brei zerkleinerten Abfälle auf Doppelwalzentrocknern bietet den Vorteil, daß alle in den Köpfen enthaltenen Eiweiß- und Extraktivstoffe im Futter verbleiben. Doch bedingen diese Arbeitsverfahren ein sorgfältiges Fernhalten von Eisenteilen und sonstigen Fremdkörpern, welche die Walzen beschädigen könnten. Weiter aber eignen sich diese Apparate nur zur Verwendung für sogenannte Magerfische, da eine Ausscheidung oder Abpressung des Tranes bei diesem Verfahren nicht möglich ist, d. h. aus Fettfischen hergestelltes Fischmehl ohne gesonderte Extraktion kein verkaufsfähiges Fischmehl ergeben würde.

Wie gesagt, verbreiten die vorstehend beschriebenen Fischabfallverwertungsanlagen nach außen mehr oder weniger Gerüche, die eine Belästigung für bewohnte Gegenden darstellen. Infolgedessen sind sie in deren Nähe unzulässig. Besonders stark ist der Geruch bei den mit Koksfeuertrocknern beheizten Anlagen, bei denen die beim Trocknen der Fischabfälle entstehenden Gase zusammen mit den Heizgasen ins Freie gehen. Bei der Muldentrocknung werden die sich bildenden Dämpfe mit Exhaustoren oder Saugköpfen abgesaugt. Sie gelangen aber ebenfalls ins Freie.

Die modernen Anlagen trocknen unter Vakuum, also in luftdicht geschlossenen Apparaten, vermeiden die Erzeugung von Geruch beim Trocknen, nicht aber beim Verarbeiten der Abfälle. Gerade bei der Sterilisation entstehen aber die übelsten Gerüche, die wieder ins Freie entweichen, ebenso wie die Dämpfe, welche sich nach der Sterilisation bei der Zerkleinerung, dem Transport und weiterer Maßnahme durch Berührung mit der Atmosphäre bilden. Bei der Einrichtung neuer oder der Veränderung vorhandener Anlagen richtet sich also das Bestreben darauf, die vorstehend geschilderten Uebelstände möglichst zu mildern oder zu beseitigen. Man ist daher dazu übergegangen, die Abfälle unter Luftabschluß zu sterilisieren, abzupressen, zu transportieren und zu trocknen. Außerdem bringt man das fertige Fischmehl erst in kaltem Zustande zur Entleerung, so daß auch die Ausdünstung des warmen Fischmehles nicht mehr in Erscheinung tritt. Die bei dieser Arbeitsweise entstehenden Dämpfe und die übelriechenden Gase werden durch die Luftpumpe abgesaugt und mittelst Einspritzwasser niedergeschlagen, worauf dieses Abwasser in die Kanalisation geleitet wird.

Die im vorigen beschriebenen Anlagen dienen nur der Verarbeitung von Magerfischabfällen. Die Verwertung von Fettfischabfällen setzt eine Entfettung nach der Trocknung voraus, die durch Abpressung, besser aber durch Extraktion, welche allein eine restlose Entfettung gewährleistet, erfolgt. Hierfür sind die der Erfinderin, Continentale Aktiengesellschaft für Chemie, Berlin, durch D. R. P. geschützten Extraktionsanlagen besonders geeignet, die ohne besondere Trockeneinrichtung die Rohfischabfälle in den Extrakteuren unter Vakuum verarbeiten.

Erwähnt werden darf auch noch ein neues Verfahren zur Herstellung von Fleischextrakt aus den beschädigten, also unverkäuflichen Fischen und den Fischköpfen, wie sie in den Bratereien abfallen. Dieses ebenfalls von der Continentalen Aktiengesellschaft für Chemie, Berlin, ausgearbeitete Verfahren liefert mit der entsprechenden Apparatur ein erstklassiges Produkt, das dem berühmten Liebig'schen Fleischextrakt in Geruch und Geschmack ähnelt und wahrscheinlich gleichwertig ist.

III.

Ausblicke und Möglichkeiten.

Wenn es auch recht schwer ist, sich angesichts der gegenwärtigen unklaren Verhältnisse und der stetigen Verschlechterung der wirtschaftlichen Lage des deutschen Volkes ein einigermaßen richtiges und vollständiges Bild von der deutschen Seefischerei in ihrer augenblicklichen Situation zu machen, so darf man doch nicht vergessen, daß die jetzige Zeit gerade der gesamten Seefischerei und den ihr angeschlossenen Erwerbszweigen mit der einen Hand zwar viel genommen, mit der anderen aber auch wieder gegeben hat. Es unterliegt keinem Zweifel und ist oben auch schon erwähnt worden, daß die so junge deutsche Seefischerei und mit ihr der Fischhandel und die Fischindustrie unter den heutigen Zuständen besonders schwer zu kämpfen haben. Schon in Friedenszeiten waren sie durch Einflüsse der Witterung, durch wechselndes Auftreten der Fischzüge und durch andere im voraus unbestimmbare Momente mit einem gewissen Risikocharakter behaftet, der sich in der letzten Zeit nicht vermindert hat, durch menschliche Einwirkung auch nicht zu beeinflussen ist. Die verhängnisvolle Kohlenknappheit, die Wertverminderung der deutschen Mark, die langsam immer größer werdende Entfernung der Fischgründe von den deutschen Häfen, die Kapitalknappheit, die sich insbesondere bei der Ausrüstung der Fischdampfer besonders fühlbar macht und die Transportschwierigkeiten für die frischen Fische machen der Seefischerei das Leben immer schwerer. Aber andererseits wird doch der Absatz von Fischen und Fischereierzeugnissen, trotz aller Hindernisse aus Mangel an anderen wohlfeilen Nahrungsmitteln immer größer, da nach und nach der Seefisch angesichts seines verhältnismäßig geringen Preises an die Stelle des Fleisches bei den großen Massen des Volkes einzurücken beginnt. Nur so ist es zu erklären, daß die Seefischerei-, Seehandels- und Fischindustrieunternehmen im großen und ganzen in den letzten Jahren nicht schlecht abgeschnitten haben, wenigstens soweit finanzielle Ergebnisse in Frage kamen.

Wir dürfen aber doch nicht vergessen, daß, wie schon ausgeführt, die deutsche Seefischerei immerhin eine gewisse Sonderstellung einnimmt, da die deutsche Volkswirtschaft nicht nur ein Interesse am Wohlergehen der Seefischereieinzelunternehmen und deren Angestellten oder den von ihr mittelbar Nutzen Ziehenden, sondern auch ein sehr starkes und lebenswichtiges Interesse an der Seefischerei als Lebensmittelquelle hat. Ihre Sicherung, ihre Entwicklung sind also Aufgaben, die von höheren Gesichtspunkten als privatwirtschaftlichen aus beurteilt werden müssen, und an deren Lösung jedenfalls nicht in der leider bei uns üblich gewordenen Kompromißform herangegangen werden sollte. Bis jetzt hat sich leider dieser große Gedanke — die Seefischerei als ein Lebensnerv der deutschen Ernährungswirtschaft — noch nicht recht durchsetzen können; er muß jedoch zur Geltung gebracht werden.

Aber auch für das Seefischereigewerbe, den Fischhandel und die deutsche Fischindustrie, einschließlich der Fischabfallindustrie besteht die Pflicht einer intensiven Arbeit zwecks Steigerung ihrer Leistungsfähigkeit. Diese Pflicht würde natürlich besonders eindringlich durch eine entsprechend aktive Förderung der Seefischerei seitens des Staates unterstrichen werden können.

Der Deutsche kann auch als Schaffender als der Eigenbrödler unter den Nationen gelten. Im Gegensatz vor allem zu den Amerikanern ist bei uns stets das Normalisieren und Typisieren, vielleicht auch nicht ganz mit Unrecht, als qualitätsmindernd vermieden worden. Erst unter dem Druck der Verhältnisse konnte bei uns in technischer Hinsicht eine Normalisierung zustande kommen, die auf anderen Gebieten teils im Werden ist oder ganz aussteht. Ueber die Vorteile, die eine Normalisierung bietet, braucht hier nicht gesprochen zu werden, ebensowenig, wie über die Zweckmäßigkeit der Einführung von neuen technischen und wissenschaftlichen Verfahren oder besseren Werkzeugen, Maschinen und Apparaten. Dies gilt insbesondere auch für die Seefischerei und für die

Fischindustrie und in ganz besonderem Maße für die Fischabfallindustrie.

Die Einführung von Neuerungen setzt das Vorhandensein der hierfür erforderlichen Kapitalien voraus. Manche Rückständigkeit im deutschen Seefischereigewerbe wird sich aus der außerordentlichen Knappheit und Anspannung des zur Verfügung stehenden Kapitales erklären. Denn in den meisten Fällen wird das Kapital gerade ausgereicht haben, den ordnungsgemäßen Betrieb und die Dampfer im Gang zu halten, ohne daß für Neuaufwendungen Mittel herangezogen werden konnten.

Es ist nun vorher schon auf die an sich erstaunliche Tatsache hingewiesen worden, daß die deutsche Fischdampferflotte im Gegensatz zur Handelsflotte auch heute noch kein reines Motorschiff aufweist. Fahrzeuge für die kleine und Küstenfischerei werden immer mehr mit Motoren ausgerüstet, aber die großen Fahrzeuge mit weitem Aktionsradius, die am wirtschaftlichsten zu arbeiten gezwungen sind, haben durchweg noch die Dampfmaschine. Die Kapitalien für den Umbau der vorhandenen Dampfer in Motorschiffe können die beteiligten Kreise nicht ohne weiteres aufbringen. Eher im Bereich der Möglichkeit würde die Einrichtung der Dampfer für Oelfeuerung sein. Neben den technischen Vorteilen böte diese schon eine gewisse Unabhängigkeit von der fremden Kohle, mit der heute so gut wie alle deutschen Fischdampfer zu fahren gezwungen sind, was schon finanziell entlastend ins Gewicht fallen dürfte. Weiter aber bietet die Oelfeuerung die Möglichkeit von Raumersparnis an Bord der Dampfer, da zur Oellagerung der Doppelboden neben den Bunkern verwendet, also entweder an Bunkern gespart oder bei gleichem Raumverbrauch der Aktionsradius des Schiffes beträchtlich gesteigert werden könnte. Der Uebergang zum reinen Motorschiff, als Ersatz für die jetzigen Fischdampfer, würde eine sehr starke Raumersparnis, Gewichtsverringerung, Vereinfachung in der Bedienung und die Möglichkeit der Herabsetzung der Mannschaftskopfzahl ergeben. Die Vorteile, die das Motorschiff dem Dampfschiff gegenüber bietet, sind also recht beachtenswert, besonders, wenn berücksichtigt wird, daß sich an Bau- und Betriebskosten das Motorschiff nicht teurer, sondern eher billiger stellen dürfte, als das Dampfschiff.

Welche Art Motore am besten zur Verwendung in der Seefischerei geeignet sein dürften, wenigstens für die große Fischerei, — für die Küstenfischereiboote sind entsprechende Erhebungen schon während des Krieges angestellt worden, — ob Leicht- oder Schwerölmotoren, diese Frage muß von der Praxis entschieden werden. Daß auf dem Gebiete des Spezialmotorenbaues für die Fischerei bei uns auch noch manche Aufgaben zu lösen sind, beweist die Tatsache, daß auch heute noch die dänischen und norwegischen Fischereimotore als den deutschen überlegen gelten.

Außer auf diesem hier nur kurz beleuchteten rein technischen Gebiet wären natürlich auch auf dem der Fischereigeräte, also insbesondere der Netze, Fangmaterialien und dergl. Verbesserungen möglich. Besonders wünschenswert aber ist und bleibt eine vernünftige Tarifpolitik für Seefische und Fischereiprodukte, die zur Förderung des Absatzes beiträgt.

Wenn wir vorhin auf die Seefischerei als Ernährungsquelle hingewiesen haben, so war darin schon implicite der Hinweis auf die Bedeutung der Seefischerei als Lieferant für die Ernährung wichtiger Fette enthalten. Darüber hinaus aber ist sie auch von Wichtigkeit als Produzent von Oelen und Fetten für andere als Ernährungszwecke, insbesondere also für die Industrie.

Für jedes Land ist volkswirtschaftlich das Vorhandensein von Oelen und Fetten von eminenter Bedeutung, und zwar einerseits für die menschliche Ernährung und andererseits für die Landesverteidigung, für die — heute wenigstens — das Glyzerin unentbehrlich ist. Für diese beiden Verwendungsarten gibt es noch keine Ersatzstoffe im eigentlichen Sinne. Infolge des großen Mangels an Oelen und Fetten war Deutschland im Kriege gezwungen, Glyzerin, das für die Fortsetzung des Krieges eine technische Bedingung war, aus Zucker zu gewinnen. Dieses recht schwierige Problem ist glänzend gelöst worden; das für die Kriegsführung nötige Glyzerin wurde zur Verfügung gestellt, dafür wurden der Volksernährung aber die großen Zuckermengen, die Deutschland zu erzeugen imstande war, und die einer der wenigen Habenposten in unserer Kriegsernährungsbilanz bildeten, entzogen, was den Gesundheitszustand der Bevölkerung erheblich beeinträchtigt hat, da als Ersatz für den ernährungsphysiologisch wertvollen und wichtigen Zucker nur das völlig wertlose Saccharin gegeben werden konnte.

Der Nachweis, welche Bedeutung das Vorhandensein der für die Ernährung und für Verteidigungszwecke nötigen Fette im Lande selbst besitzt, ist uns im Kriege erbracht worden. Bei verzweifelter Ernährungslage mußte ein großer und wichtiger Teil der vorhandenen Nahrungsmittel zur Herstellung von Kriegsmitteln verwendet werden. Hätten wir animalische oder vegetabilische Oele oder Fette in genügender Menge im Lande gehabt, so wäre uns dieser harte Verzicht, der auch mit zu unserem Unterliegen beigetragen hat, erspart geblieben.

Jedes Land wird also mit allen Kräften danach streben müssen, sich hinsichtlich seines Bedarfes an Oelen und Fetten vom Ausland unabhängig zu machen, seine eigene Fettproduktion so zu gestalten, daß es immer und unter allen Umständen, in guten und schlechten Zeiten, in Krieg und Frieden, über ausreichende Bestände für alle Zwecke verfügen kann. Leider ist unser deutsches Vaterland in dieser Beziehung, wie ja auch in so vielen anderen, in keiner glücklichen Lage. Das, was in Deutschland an Fetten und Oelen erzeugt wurde, reichte nicht einmal für die Ernährung, eine Tatsache, die mit der zunehmenden Industrialisierung des Deutschen Reiches, mit dem raschen Steigen der Bevölkerungszahl und der verhältnismäßig geringen zur Verfügung stehenden Bodenfläche zu erklären ist. Ein großer Teil des deutschen Volksvermögens floß im Frieden und fließt auch jetzt noch für Fette in das Ausland. Heute, wo wir von den Resten der Substanz zehren, heißt ein Gramm entbehrliches Fett einführen, nationalen Raubbau treiben. Entsprechenderweise gilt für uns Deutsche alle das Gebot: Fett sparen; für Handel und Industrie aber, sowie für die Landwirtschaft: Fett schaffen!

Unsere Industrie braucht Fette in großer Menge. Die Oele und Fette, die sich infolge ihres Fettsäuregehaltes für

Nährzwecke nicht eignen, finden Verwendung in der Seifenindustrie sowie in der Textilindustrie. Für diese Industrien sind sie unentbehrlich, da keine Seife ohne Fette oder Oele zu sieden ist, und ein gutes und haltbares Gewebe nicht ohne Oel oder Fett hergestellt werden kann. Für die Zwecke dieser Industrien werden die sogenannten technischen Oele und Fette, welche Triglyzeride darstellen, in Fettsäure und Glyzerin zerlegt. Diesen Prozeß bezeichnet man als Spaltung der Oele und Fette und gewinnt durch ihm, wie schon gesagt, die Oelsäure, sowie das für verschiedene Zwecke, und namentlich für die Sprengstoffabrikation wichtige Glyzerin. Dieses so durch Spaltung gewonnene Glyzerin bedarf zur Erzielung der für die Verwendung in medizinischer Hinsicht erforderlichen Reinheit einer mehrmaligen Destillierung, was auch für das zur Sprengstoffherstellung dienende Glyzerin gilt. Die beim Spaltungsprozeß gewonnenen Fettsäuren können roh oder durch Destillation verbessert den Seifenfabriken zugeführt werden. Werden die Fettsäuren destilliert, so erhält man durch Abpressung das für die Lichterherstellung unentbehrliche Stearin, und außerdem eine flüssige Oelsäure, die im Handel unter dem Namen Olein bekannt ist. Dieser Stoff, das Olein, wird in der Textilindustrie zum Geschmeidigmachen der Textilfaser benutzt und ist von großer Wichtigkeit, da irgend welche Ersatzstoffe für Olein nicht vorhanden sind, ohne dieses aber gute Gewebe nicht erzeugt werden können.

Inwieweit kann nun die Seefischerei und die mit ihr zusammenhängenden Gewerbezweige für die Beschaffung und Sicherung der nötigen Fettmengen herangezogen werden und welchem Verwendungszweck würden die so erzeugten Fette dienen können?

Eine Steigerung der Erzeugung von Fetten und Oelen ist verhältnismäßig am leichtesten bei vegetabilischen Fetten und Oelen, vorausgesetzt, daß das geeignete Klima und die nötigen Anbauflächen vorhanden sind und die erforderliche Menschenkraft zur Verfügung steht. Sind diese Voraussetzungen gegeben, so kann in kurzer Zeit eine Steigerung der vegetabilischen Fett- und Oelproduktion erzielt werden, da ja zwischen Aussaat und Ernte nur einige Monate liegen. Ganz erheblich schwieriger ist schon die Steigerung der animalischen Oel- und Fetterzeugung, die Jahre in Anspruch nimmt, und den Einsatz von Substanz zur Voraussetzung hat. Eine dritte Möglichkeit ist der systematische Ausbau aller vorhandenen Fettquellen und die rationelle Verarbeitung und Auswertung der zur Verfügung stehenden Materialien. In dieser Hinsicht kann, wie dies ja schon im Vorstehenden ausführlich bezüglich der Fischabfallverwertung dargelegt worden ist, durch die Anwendung neuer hochwertiger Methoden und Einrichtungen auch in der Seefischerei und der Fischindustrie Wesentliches erreicht werden, insbesondere wenn durch Zentralisierung und organische Einordnung der verschiedenen Betriebe, die sich mit der Fischverwertung und Fischabfallverwertung befassen, eine ganz rationelle Arbeitsweise und die restlose Erfassung aller Rohstoffe gewährleistet wird.

Eine solche, intensiv arbeitende, moderne Fischverarbeitungsanlage wäre etwa in der Weise anzuordnen, daß sich die einzelnen Verwendungs- und Verwertungsverfahren in logischer Entwicklung aufeinander folgen. Es wäre also vorzusehen:

1. eine Transiedeanlage zur Gewinnung des Rohtranes, — die unter Ausschluß der atmosphärischen Luft unter Gebrauch von Vakuum und Anwendung niedriger Temperaturen arbeitet;
2. eine Extraktionsanlage, die die Entfettung der Fische bzw. der Fischlebern auf 0,1 ermöglicht;
3. eine Fischmehlanlage, in welcher die auf 0,1 entfetteten Fische und andere Fischabfälle zu Fischmehl verarbeitet werden;
4. eine Fischleimfabrik für die Herstellung von flüssigem und Tafelleim;
5. eine Tranveredlungsanlage, bestehend aus einer
   a) Raffinationsanlage,
   b) einer Desodorisierungsanlage, in denen die gewonnenen Fischöle chemisch verändert werden können, damit sie ihren Geruch verlieren;
6. eine Spaltanlage, zur Spaltung der Fischöle in Fettsäuren und Glyzerin;

7. eine Stearinfabrik, um das von der Oelsäure abgepreßte Stearin auf Kerzen zu verarbeiten;
8. eine Glyzeringewinnungs- und Destillationsanlage, um technisches, Medizinal- und Sprengstoffglyzerin herzustellen;
9. eine Hydrieranlage, mit deren Hilfe aus den flüssigen Tranen weiße, geruchlose Hartfette fabriziert werden können.

Mit einer dergestalt aufgebauten Anlage, die natürlich wieder in engster Verbindung mit Fischindustrieanlagen und Fischereiunternehmen als Rohstofflieferanten arbeitet, kann in der Tat eine intensive und rationelle Verwendung des vorhandenen Materiales erzielt werden, da jeder Fischrest bis zum kleinsten Teil verwendet und Zwecken zugeführt wird, die für das Wirtschaftsleben von größter Bedeutung sind. Vor allem bietet diese Anlage die völlige Gewähr dafür, daß eine restlose Ausnutzung der ganzen in den Materialien und Abfällen enthaltenen Fette erfolgt, und daß die so gewonnenen Fette wieder so ausgenutzt und verwendet werden, wie es zur Erzielung des volkswirtschaftlich größten Erfolges erforderlich ist, also für Ernährungs- und industrielle Zwecke, insbesondere in der Seifen- und Textilindustrie.

Daß das Vorhandensein derartiger Anlagen für die deutsche Volkswirtschaft von größter Bedeutung ist, bedarf nach dem Ausgeführten keiner weiteren Hervorhebung. Es darf aber mit besonderer Genugtuung gesagt werden, daß dieses für uns so erstrebenswerte Ziel wenigstens in einem Falle schon erreicht ist: am 10. Oktober 1923 ist in Bremen von namhaften Fischgroßindustriellen die Deutsche Myrabola-Aktiengesellschaft gegründet worden, die in der oben veranschaulichten Weise aufgebaut, die Tran- und Fischabfallverwertung und -verarbeitung auf größter Grundlage und nach den neuesten Verfahren durchführt. Diese Verfahren, welche von der Continentalen Aktiengesellschaft für Chemie in Berlin ausgearbeitet und dieser weitgehend geschützt sind, kommen dem Deutschen Reiche und dem deutschen Volke und seiner Volkswirtschaft zugute, nachdem sie ihre Feuerprobe bereits im Auslande bestanden haben.

Orts- und Sach-Register.

Verzeichnis der Personennamen.